高等数学习题与辅导

（第2版）

主　编　钟　韬
副主编　王　洋　薛　菲
　　　　喻无瑕　潘　蕊
参　编　李　敏　方卫东　高敏静

西南交通大学出版社
·成　都·

图书在版编目（CIP）数据

高等数学习题与辅导 / 钟韬主编. —2 版. —成都：西南交通大学出版社，2018.11（2020.7 重印）
ISBN 978-7-5643-6477-9

Ⅰ. ①高… Ⅱ. ①钟… Ⅲ. ①高等数学－高等职业教育－教学参考资料 Ⅳ. ①O13

中国版本图书馆 CIP 数据核字（2018）第 227108 号

高等数学习题与辅导
（第 2 版）
主编　钟　韬

责任编辑	孟秀芝
封面设计	墨创文化
出版发行	西南交通大学出版社 （四川省成都市二环路北一段 111 号 西南交通大学创新大厦 21 楼）
发行部电话	028-87600564　028-87600533
邮政编码	610031
网　　址	http://www.xnjdcbs.com
印　　刷	四川森林印务有限责任公司
成品尺寸	185 mm × 260 mm
印　　张	12
字　　数	298 千
版　　次	2018 年 11 月第 2 版
印　　次	2020 年 7 月第 8 次
书　　号	ISBN 978-7-5643-6477-9
定　　价	32.00 元

课件咨询电话：028-81435775

第 2 版前言

高等数学是一门非常重要的基础课程，它内容丰富，应用广泛，不仅为后继课程学习和进一步扩大知识面奠定必要的基础，而且在培养学生的逻辑推理能力、分析问题和解决问题的能力、自主学习能力和创新能力方面也具有非常重要的作用.

《高等数学习题与辅导》是《高等数学》的配套教材，主要为了解决学生课后学习资料缺乏、课后练习不足的问题而编写的. 本书主要有以下三个特点：

（1）每章内容开始，简明扼要地归纳了本章的重要知识点. 这部分既可以让初学者对各章内容有一个概括的了解，也可以当作一个高效的期末复习资料使用.

（2）习题数量和难度适中. 在习题的编写上区别于本科教材，这更符合高职院校的实际情况，既减少了理论推理部分的较高要求，又侧重于实用性与应用性.

（3）辅之以习题解答. 习题解答部分既提供了所有题目的最终答案，又对重要知识点的典型题目提供了详细的解答过程，这能帮助学生减少课后练习中遇到的疑惑与困难.

本书在教学内容的深度和广度方面强调“必要、够用”的特点，重点加强学生计算能力和应用能力的培养，力求做到易学、易懂，减少学生在课后学习中遇到的困难. 本书由四川交通职业技术学院的钟韬主编，参与教材编写的有四川交通职业技术学院王洋、方卫东、薛菲、喻无瑕、潘蕊.

自 2015 年出版以来，我们一直在不断检查和完善本教材. 为保证在充分发挥高素质、高技能人才培养中的作用，做一本适合高职学生阅读、难度适中、知识够用的高质量教材，主要从以下几个方面进行了修订：

（1）根据实践教学经验，对每个章节的课后习题进行了梳理，对学生知识点的薄弱环节进行了习题的补充，比如增加了反三角函数的相关习题.

（2）重点对第三章导数的应用的知识结构进行了改进和补充.

（3）修订了原版中不规范的文字和图例.

通过对本教材的反复使用，不断发现教材中的不足，并不断改进和完善，力求使之更加适合高等职业教育培养目标的要求，使之更具实用性. 由于作者编写水平和经验所限，书中难免存在瑕疵，恳请读者批评指正.

编　者

2018 年 10 月

第 1 版前言

高等数学是一门非常重要的基础课程，它内容丰富，应用广泛，不仅为后继课程学习和进一步扩大知识面奠定必要的基础，而且在培养学生的逻辑推理能力、分析问题和解决问题的能力、自主学习能力和创新能力方面也具有非常重要的作用.

《高等数学习题与辅导》是《高等数学》的配套教材，主要为了解决学生课后学习资料缺乏、课后练习不足的问题而编写的. 本书主要有以下三个特点：

（1）每章内容开始，简明扼要地归纳了本章的重要知识点. 这部分既可以让初学者对各章内容有一个概括的了解，也可以当作一个高效的期末复习资料使用.

（2）习题数量和难度适中. 在习题的编写上区别于本科教材，这更符合高职院校的实际情况，既减少了理论推理部分的较高要求，又侧重于实用性与应用性.

（3）辅之以习题解答. 习题解答部分既提供了所有题目的最终答案，又对重要知识点的典型题目提供了详细的解答过程，这能帮助学生减少课后练习中遇到的疑惑与困难.

本书在教学内容的深度和广度方面强调“必要、够用”的特点，重点加强学生计算能力和应用能力的培养，力求做到易学、易懂，减少学生在课后学习中遇到的困难. 本书由四川交通职业技术学院的钟韬编写，参与教材编写的有四川交通职业技术学院：王洋、方卫东、薛菲、喻无瑕、潘蕊.

由于作者编写经验和水平所限，书中难免出现不妥之处，恳请读者批评指正.

编　者

2015 年 3 月

目　录

第一章　函数与极限 …… 1

第一节　函　数 …… 1

习题 1-1 …… 2

第二节　极限的概念 …… 5

习题 1-2 …… 6

第三节　极限的四则运算法则 …… 7

习题 1-3 …… 7

第四节　两个重要极限 …… 10

习题 1-4 …… 10

第五节　无穷小与无穷大 …… 12

习题 1-5 …… 13

第六节　函数的连续性 …… 14

习题 1-6 …… 15

复习题一 …… 17

第二章　导数与微分 …… 21

第一节　导数的概念 …… 21

习题 2-1 …… 23

第二节　求导法则 …… 25

习题 2-2 …… 26

第三节　求导方法 …… 30

习题 2-3 …… 31

第四节　微分及其在近似计算中的应用 …… 34

习题 2-4 …… 35

复习题二 …… 38

第三章　导数的应用 …… 42

第一节　微分中值定理 …… 42

习题 3-1 …… 43

第二节　洛必达法则 …… 44

习题 3-2 …… 45

第三节　函数的单调性 …… 46
习题 3-3 …… 46
第四节　函数的极值 …… 47
习题 3-4 …… 48
第五节　最大值与最小值 …… 50
习题 3-5 …… 50
第六节　函数的凹凸性 …… 52
习题 3-6 …… 53
第七节　曲　率 …… 54
习题 3-7 …… 54
第八节　函数图形的描绘 …… 55
习题 3-8 …… 56
复习题三 …… 56

第四章　不定积分 …… 60

第一节　不定积分概念与性质 …… 60
习题 4-1 …… 61
第二节　不定积分的换元积分法 …… 64
习题 4-2 …… 65
第三节　不定积分的分部积分法 …… 69
习题 4-3 …… 70
复习题四 …… 71

第五章　定积分 …… 75

第一节　定积分概念与性质 …… 75
习题 5-1 …… 77
第二节　定积分的计算 …… 78
习题 5-2 …… 79
第三节　广义积分 …… 83
习题 5-3 …… 84
复习题五 …… 86

第六章　定积分的应用 …… 90

第一节　定积分的微元法与函数的均值 …… 90
习题 6-1 …… 91
第二节　定积分的几何应用 …… 92
习题 6-2 …… 94
第三节　定积分的物理应用 …… 97
习题 6-3 …… 97

第四节　定积分的经济应用 …… 99
习题 6-4 …… 99
复习题六 …… 101

第七章　微分方程 …… 104

第一节　微分方程的基本概念 …… 104
习题 7-1 …… 105
第二节　一阶微分方程 …… 106
习题 7-2 …… 107
第三节　二阶常系数线性微分方程 …… 109
习题 7-3 …… 110
第四节　应用问题 …… 112
习题 7-4 …… 112
复习题七 …… 114

部分习题答案详解 …… 118

参考答案 …… 164

参考文献 …… 183

第一章　函数与极限

【本章知识结构图】

- 函数与极限
  - 函数
    - 定义
    - 性质
    - 基本初等函数
    - 复合函数
    - 初等函数
  - 极限
    - 定义与基本性质
      - 数列极限的定义
      - 函数极限的定义
      - 函数极限存在的充要条件
    - 求极限的重要方法
      - 极限的运算法则
      - 两个重要极限
    - 无穷小与无穷大
      - 定义
      - 运算性质
      - 无穷小的比较
  - 连续
    - 定义
    - 连续的充要条件
    - 间断点的分类
    - 基本初等函数的连续性与初等函数的连续性
    - 闭区间上连续函数的性质

第一节　函　数

【本节知识要点】

1. 函数的定义.

设 x 和 y 是两个变量，D 是一个给定的数集，如果对于每个数 $x\in D$，变量 y 按照一定法则总有确定的数值和它对应，则称 y 是 x 的函数，记作 $y=f(x)$. 数集 D 叫作这个函数的定义域. 当 $x_0\in D$ 时，称 $f(x_0)$ 为函数在点 x_0 处的函数值.

2. 函数的性质.

（1）有界性；（2）单调性；（3）奇偶性；（4）周期性.

3. 基本初等函数.

常量函数、幂函数、指数函数、对数函数、三角函数和反三角函数这六类函数叫作基本初等函数.

4. 复合函数.

若 $y=f(u)$，$u=\varphi(x)$，当 $\varphi(x)$ 的值域与 $f(u)$ 的定义域的交集非空时，称 $y=f[\varphi(x)]$ 是由 $y=f(u)$，$u=\varphi(x)$ 复合而成的复合函数，其中 u 称为中间变量.

5. 初等函数.

由基本初等函数经过有限次四则运算及有限次复合运算得到的用一个式子表示的函数，称为初等函数.

习题 1–1

1. 若 $f(x)=\begin{cases} x^2+1, x>1 \\ 3x-1, x\leqslant 1 \end{cases}$，求 $f(-1)$，$f(1)$，$f(2)$.

2. 求下列函数的定义域.

（1）$f(x)=\dfrac{\sqrt{25-x^2}}{x^2-9}$；

（2）$f(x)=\dfrac{x-1}{\ln x}+\sqrt{16-x^2}$；

（3）$f(x)=\dfrac{1}{x}+\sqrt{1-x^2}-\cos x$.

3. 若 $f(x)$ 的定义域是 $[0,8]$，求 $f(x^2-1)$ 的定义域.

4. 判断下列函数的奇偶性.

（1）$y=2x-3x^3$；

（2）$y=\tan x+x^4$；

（3）$y=\dfrac{\sin x}{\sqrt{1-x^2}}$；

（4）$y=\dfrac{x^2\cos x}{\sqrt{1+x^2}}$.

5. $y=1+\cos\dfrac{x}{2}$ 是周期函数吗？如果是，请给出它的周期.

6. 计算下列三角函数和反三角函数值.

（1）$\sec\dfrac{\pi}{6}=$______；

（2）$\sec\dfrac{3\pi}{4}=$______；

（3）$\csc\dfrac{\pi}{2}=$______；

（4）$\csc\dfrac{-\pi}{3}=$______；

（5）$\arcsin 1=$______；

（6）$\arcsin\dfrac{-1}{2}=$______；

（7）$\arccos\dfrac{1}{2}=$______；

（8）$\arccos\dfrac{-\sqrt{2}}{2}=$______；

（9）$\arctan 1=$______；

（10）$\operatorname{arccot}\sqrt{3}=$______；

（11）$\sin\left(\arcsin\dfrac{-\sqrt{2}}{2}\right)=$______；

（12）$\arcsin\left(\sin\dfrac{3\pi}{4}\right)=$______.

7. 分解下列复合函数.

（1）$y=3^{x^2}$；　　（2）$y=\tan\sqrt{3x-1}$；

（3）$y=\ln\left(\sin\frac{1}{x}\right)$；　　（4）$y=\cos^2(1-2x)$.

8. 函数 $f(x)=\begin{cases}\frac{1}{x-1}, & x\neq 1\\ 0, & x=1\end{cases}$ 是否为初等函数？

9. 已知 $f[\varphi(x)]=1+\cos x$，$\varphi(x)=\sin\frac{x}{2}$，求 $f(x)$.

10. 某公共汽车路线全长为 30 km，票价规定如下：乘坐 5 km 以下（包括 5 km）者收费 1 元；超过 5 km 但在 15 km 以下（包括 15 km）者收费 2 元；其余收费 2 元 5 角. 试将票价表示为路程的函数，并作出函数的图形.

11. 要建造一个容积为 V 的无盖长方体水池，它的底为正方形. 如果池底的单位面积造价为侧面积造价的 2 倍，试建立总造价与底面边长之间的函数关系.

12. 我国最新实施的个人所得税税率表中规定，月收入超过 3 500 元为应纳税所得额（见表 1）.

表 1　个人所得税税率（工资、薪金所得适用）

级数	全月应纳税所得额	税率/%
1	不超过 1 500 元的	3
2	超过 1 500 元至 4 500 元的部分	10
3	超过 4 500 元至 9 000 元的部分	20
4	超过 9 000 元至 35 000 元的部分	25
5	超过 35 000 元至 55 000 元的部分	30
6	超过 55 000 元至 80 000 元的部分	35
7	超过 80 000 元的部分	45

个人所得税一般在工资中直接扣除. 若某单位所有人的月收入都不超过 9 000 元，请建立月收入与纳税金额之间的函数关系.

第二节　极限的概念

【本节知识要点】

1. 数列极限的定义.

如果当 n 无限增大时（记为 $n\to\infty$），数列无限接近于一个确定的常数 A，则称 A 为数列 x_n 的极限，记为 $\lim\limits_{n\to\infty}x_n=A$ 或 $x_n\to A(n\to\infty)$. 如果一个数列有极限 A，就称这个数列是收敛数列，也称这个数列收敛于 A；否则就称它是发散数列.

2. 函数极限的定义.

（1）设函数 $y=f(x)$ 在 $|x|$ 充分大时有定义，如果当 x 的绝对值无限增大（即 $x\to\infty$）时，函数 $f(x)$ 无限接近于一个确定的常数 A，则称 A 为函数 $f(x)$ 当 $x\to\infty$ 时的极限，记为 $\lim\limits_{x\to\infty}f(x)=A$ 或 $f(x)\to A\ (x\to\infty)$.

（2）设 $f(x)$ 在点 x_0 的左右近旁有定义（在点 x_0 处，$f(x)$ 可以不必有定义），如果当 x 无

限接近于定值 x_0，即 $x \to x_0$ 时，函数 $f(x)$ 无限接近于一个确定的常数 A，则称 A 为函数 $f(x)$ 当 $x \to x_0$ 时的极限，记为 $\lim\limits_{x\to\infty} f(x) = A$ 或 $f(x) \to A\ (x \to \infty)$.

3. 函数极限存在的充要条件.

$\lim\limits_{x\to x_0} f(x) = A \Leftrightarrow \lim\limits_{x\to x_0^-} f(x) = \lim\limits_{x\to x_0^+} f(x) = A$.

习题 1-2

1. 用观察法指出下列数列是收敛还是发散，若收敛，说明其极限.

（1）$\left\{(-1)^n \dfrac{1}{n}\right\}$；　　（2）$\left\{\dfrac{n-1}{n+1}\right\}$；

（3）$\{(-1)^n n\}$；　　（4）$\left\{\dfrac{1+(-1)^n}{2}\right\}$.

2. 已知函数 $f(x) = \begin{cases} 1, & x > 0 \\ 0, & x = 0 \\ -1, & x < 0 \end{cases}$，讨论 $\lim\limits_{x\to 0} f(x)$.

3. 讨论函数 $f(x) = \dfrac{|x|}{x}$ 当 $x \to 0$ 时的极限.

4. 已知函数 $f(x)=\begin{cases}x+1, & x>0\\ -x, & x<0\end{cases}$，讨论 $\lim\limits_{x\to 0}f(x)$.

5. 说明数列 $\{\cos n\pi\}$ 的极限是否存在.

第三节　极限的四则运算法则

【本节知识要点】

1. 极限的四则运算法则.

设 $\lim f(x)=A$， $\lim g(x)=B$ (A,B 为常数)，则

（1） $\lim[f(x)\pm g(x)]=\lim f(x)\pm\lim g(x)=A\pm B$；

（2） $\lim[f(x)\cdot g(x)]=\lim f(x)\cdot\lim g(x)=A\cdot B$；

（3） $\lim\dfrac{f(x)}{g(x)}=\dfrac{\lim f(x)}{\lim g(x)}=\dfrac{A}{B}(B\neq 0)$.

2. 两个推论.

（1）设 $\lim f(x)$ 存在， C 为常数，则 $\lim[C\cdot f(x)]=C\cdot\lim f(x)$.

（2）设 $\lim f(x)$ 存在， n 为正整数，则 $\lim[f(x)]^n=[\lim f(x)]^n$.

习题 1–3

1. 求下列极限.

（1） $\lim\limits_{x\to 1}(x^2-4x+5)$；　　　　（2） $\lim\limits_{x\to -1}\dfrac{2}{x^2+1}$；

（3）$\lim\limits_{x\to 1}\dfrac{x^2-4}{x-2}$；（4）$\lim\limits_{x\to 2}\dfrac{x^2-4}{x-2}$；

（5）$\lim\limits_{x\to 1}\dfrac{\sqrt{x}-1}{x-1}$；（6）$\lim\limits_{x\to 1}\left(\dfrac{1}{1-x}-\dfrac{3}{1-x^3}\right)$.

2. 设函数 $f(x)=\begin{cases}3x+2, & x\leqslant 0\\ x^2+1, & 0<x\leqslant 1\\ \dfrac{2}{x}, & x>1\end{cases}$，求极限 $\lim\limits_{x\to 0}f(x)$，$\lim\limits_{x\to 1}f(x)$.

3. 求下列极限.

（1）$\lim\limits_{x\to a}\dfrac{x^2-(a+1)x+a}{x^3-a^3}$；（2）$\lim\limits_{x\to 1}\dfrac{x^n-1}{x-1}$；

（3）$\lim\limits_{x\to\infty}\dfrac{3x^2-4}{2x^2-1}$；（4）$\lim\limits_{x\to\infty}\dfrac{x^2-4}{x-2}$；

（5）$\lim\limits_{x\to\infty}\dfrac{x^2-1}{x^3-3x+1}$；　　（6）$\lim\limits_{x\to\infty}\dfrac{(2x-1)^{20}(3x+4)^{30}}{(6x-5)^{50}}$.

4. 求下列极限.

（1）$\lim\limits_{n\to\infty}\left(\dfrac{1}{1\times 2}+\dfrac{1}{2\times 3}+\dfrac{1}{3\times 4}+\cdots+\dfrac{1}{n\times(n+1)}\right)$；

（2）$\lim\limits_{n\to\infty}\left(\dfrac{1+2+\cdots+n}{n+2}-\dfrac{n}{2}\right)$.

5. 已知 $\lim\limits_{x\to 3}\dfrac{x^2-2x-k}{x-3}=4$，求 k 值.

6. 假定某种疾病流行 t 天后，感染的人数 N 由下式给出：

$$N=\frac{1\,000\,000}{1+5\,000\mathrm{e}^{-0.1t}}$$

（1）从长远考虑，将有多少人染上这种病？

（2）有可能某天会有 100 多万人染上病吗？50 万人呢？25 万人呢？（注：不必求出到底哪天发生这样的情形.）

第四节　两个重要极限

【本节知识要点】

两个重要极限：

（1）$\lim\limits_{x\to 0}\dfrac{\sin x}{x}=1$；（2）$\lim\limits_{x\to\infty}\left(1+\dfrac{1}{x}\right)^{x}=\mathrm{e}$.

习题 1–4

1. 求下列极限.

（1）$\lim\limits_{x\to 0}\dfrac{\sin 3x}{2x}$；

（2）$\lim\limits_{x\to 0}\dfrac{\tan 2x}{5x}$；

（3）$\lim\limits_{x\to -2}\dfrac{\sin(x+2)}{x^2-x-6}$；

（4）$\lim\limits_{x\to 0}\dfrac{x-\sin 2x}{x+\sin 2x}$；

（5）$\lim\limits_{x\to +\infty}x\cdot\sin\dfrac{\pi}{x}$；

（6）$\lim\limits_{x\to 0}\dfrac{\sin 2x\cdot\tan x}{x^2}$；

（7）$\lim\limits_{x\to\pi}\dfrac{\sin x}{x-\pi}$；　　（8）$\lim\limits_{x\to 0}\dfrac{\tan x-\sin x}{x^3}$；

（9）$\lim\limits_{x\to 0}\dfrac{1-\cos 2x}{x\sin x}$；　　（10）$\lim\limits_{n\to\infty}2^n\cdot\sin\dfrac{a}{2^n}$.

2. 求下列极限.

（1）$\lim\limits_{x\to\infty}\left(1+\dfrac{1}{x}\right)^{5x}$；　　（2）$\lim\limits_{x\to\infty}\left(1+\dfrac{1}{3x}\right)^{x}$；

（3）$\lim\limits_{x\to\infty}\left(1+\dfrac{1}{x}\right)^{x-2}$；　　（4）$\lim\limits_{x\to\infty}\left(1+\dfrac{2}{x}\right)^{3x+2}$；

（5）$\lim\limits_{x\to\infty}\left(1-\dfrac{1}{x}\right)^{-3x}$；　　（6）$\lim\limits_{x\to 0}(1+3x)^{\frac{2}{x}}$；

（7）$\lim\limits_{x\to\infty}\left(1+\dfrac{1}{x-3}\right)^{x}$；

（8）$\lim\limits_{x\to\infty}\left(\dfrac{2-x}{3-x}\right)^{x}$；

（9）$\lim\limits_{x\to 0}(1+\sin x)^{\csc x}$；

（10）$\lim\limits_{x\to\frac{\pi}{2}}(1+\cos x)^{3\sec x}$.

第五节　无穷小与无穷大

【本节知识要点】

1. 无穷小与无穷大.

（1）当 $x\to x_0 (x\to\infty)$ 时，如果函数 $f(x)$ 的极限为零，则称 $f(x)$ 为当 $x\to x_0 (x\to\infty)$ 时的无穷小，记为 $\lim\limits_{x\to x_0} f(x)=0$ $(\lim\limits_{x\to\infty} f(x)=0)$.

（2）如果当 $x\to x_0 (x\to\infty)$ 时，函数 $f(x)$ 的绝对值无限增大，则称 $f(x)$ 为当 $x\to x_0 (x\to\infty)$ 时的无穷大，记为 $\lim\limits_{x\to x_0} f(x)=\infty$ $(\lim\limits_{x\to\infty} f(x)=\infty)$.

2. 运算性质.

（1）有限个无穷小的代数和是无穷小.

（2）有限个无穷小的乘积是无穷小.

（3）无穷小与有界函数的乘积是无穷小.

3. 无穷小的比较.

设 $\alpha=\alpha(x)$, $\beta=\beta(x)$ 都是在同一自变量的变化过程中的无穷小，又 $\lim\dfrac{\alpha}{\beta}$ 是在这一变化过程中的极限，则

（1）如果 $\lim\dfrac{\alpha}{\beta}=0$，则称 α 是比 β 高阶的无穷小，记为 $\alpha=o(\beta)$；

（2）如果 $\lim\dfrac{\alpha}{\beta}=\infty$，则称 α 是比 β 低阶的无穷小；

（3）如果 $\lim\dfrac{\alpha}{\beta}=C$（$C$ 为不等于 0 的常数），则称 α与β 是同阶的无穷小；

（4）如果 $\lim\dfrac{\alpha}{\beta}=1$，则称 α 与 β 是等价的无穷小，记为 $\alpha\sim\beta$.

习题 1–5

1. 观察下列各题中，哪些是无穷小，哪些是无穷大.

（1）$\dfrac{1+2x}{x^2}\ (x\to 0)$；　　（2）$3\sin x\cos x\ (x\to 0)$；

（3）$e^{\frac{1}{x}}\ (x\to 0)$；　　（4）$e^{-x}\ (x\to -\infty)$.

2. 下列函数在什么变化过程中是无穷小，又在什么变化过程中是无穷大.

（1）$\tan x$；　　（2）$\dfrac{x-4}{x^2}$；　　（3）3^{-x}.

3. 求下列极限.

（1）$\lim\limits_{x\to 0}\dfrac{\tan 3x}{\sin 2x}$；　　（2）$\lim\limits_{x\to 1}\dfrac{\sin(x-1)}{5x-5}$；

（3）$\lim\limits_{x\to 0}x\cdot\cos\dfrac{1}{x}$；　　（4）$\lim\limits_{x\to 0}\dfrac{2^x}{x}$；

（5）$\lim\limits_{x\to 0}\dfrac{\ln(1+3x)}{x}$；　　（6）$\lim\limits_{x\to \infty}\dfrac{2+\sin x}{x}$；

（7）$\lim\limits_{x\to 0}\dfrac{\arctan 3x}{\sin 5x}$；　　　　（8）$\lim\limits_{x\to 1^+}\dfrac{e^{2x-2}-1}{\ln x}$.

4. 比较下列各题中两个无穷小的阶.

（1）当 $x\to 1$ 时，x^2-1 与 $\dfrac{x-1}{x}$；

（2）当 $n\to\infty$ 时，$\dfrac{1}{n}$ 与 $\dfrac{1}{n+1}$.

第六节　函数的连续性

【本节知识要点】

1. 连续的定义.

设函数 $y=f(x)$ 在点 x_0 的某个邻域内有定义，如果函数 $y=f(x)$ 当 $x\to x_0$ 时的极限存在，且等于它在点 x_0 处的函数值，即 $\lim\limits_{x\to x_0}f(x)=f(x_0)$，则称函数 $y=f(x)$ 在点 x_0 处连续.

2. 连续的充要条件.

$f(x)$在点 x_0 连续 $\Leftrightarrow f(x_0-0)=f(x_0+0)=f(x_0)$.

3. 间断点的分类.

函数 $f(x)$ 在点 x_0 的左、右极限都存在的间断点称为第一类间断点，不是第一类间断点的称为第二类间断点.

4. 初等函数的连续性.

一切初等函数在其定义区间内都是连续的.

5. 连续函数的性质.

（1）最值定理；（2）介值定理；（3）零点定理.

习题 1-6

1. 证明函数 $y=x^2+1$ 在 $x=2$ 处连续.

2. 函数 $y=x^2-3x+1$ 当 $x=2,\ \Delta x=0.5$ 时的增量 $\Delta y=$__________.

3. 函数 $y=\dfrac{x+2}{(x+2)(x-3)}$ 的连续区间是________，间断点是 $x=$______和 $x=$_______.

4. 点 $x=0$ 是函数 $y=\arctan\dfrac{1}{x}$ 的第_____类间断点.

5. 设函数 $f(x)=\begin{cases}\dfrac{\sin x}{x}, & x<0\\ k, & x=0\\ x\sin\dfrac{1}{x}+1, & x>0\end{cases}$，问 k 为何值时，函数在其定义域内连续？

6. 求下列极限.

（1）$\lim\limits_{x\to 1}\dfrac{x+5}{\sqrt{x^2-2x+10}}$；

（2）$\lim\limits_{x\to 0}\dfrac{\ln(1+x)+x^2}{e^x+1}$；

（3）$\lim\limits_{x\to 0}\dfrac{e^x-1}{x}$；

（4）$\lim\limits_{x\to 2}\dfrac{\sqrt{x}-\sqrt{2}+\sqrt{x-2}}{\sqrt{x^2-4}}$；

（5）$\lim\limits_{x\to 1}\sqrt{\dfrac{x-1}{x^2-1}}$；

（6）$\lim\limits_{x\to 0}\dfrac{\ln(a^2+x)-\ln a^2}{x}$；

（7）$\lim\limits_{x\to\frac{1}{2}}\ln\arcsin x$；

（8）$\lim\limits_{x\to+\infty} x\cdot(\sqrt{x^2+1}-x)$；

（9）$\lim\limits_{x\to 0}\dfrac{\ln(1+3x)}{x}$；

（10）$\lim\limits_{x\to\frac{\pi}{4}}(\cos 2x)^3$.

7. 证明：方程 $\ln x = x-\mathrm{e}$ 在 $(1,\mathrm{e}^2)$ 内必有实根.

8. 证明：方程 $x\cdot 2^x=1$ 至少有一个小于 1 的正根.

复习题一

一、判断题.

1. $f(x)=x^2\sin x$ 是非奇非偶函数. (　　)
2. 分段函数必定存在间断点. (　　)
3. 函数 $y=\sin x$ 是有界函数. (　　)
4. 数列 $a_n=(-1)^{n-1}$ 是收敛数列. (　　)
5. 函数在点 x_0 处有定义是 $\lim\limits_{x\to x_0}f(x)$ 存在的必要条件. (　　)

二、选择题.

1. 下列各式中，极限值为 1 的是（　　）.

A. $\lim\limits_{x\to\infty}\dfrac{\sin x}{x}$　　B. $\lim\limits_{x\to 1}\dfrac{\sin x}{x}$

C. $\lim\limits_{x\to\infty}x\sin\dfrac{1}{x}$　　D. $\lim\limits_{x\to 0}x\sin\dfrac{1}{x}$

2. 函数 $f(x)=\dfrac{1}{x^2+x-2}$ 的间断点是（　　）.

A. $x=1,x=-2$　　B. $x=-1,x=-2$

C. $x=-1,x=2$　　D. $x=1,x=2$

3. 下列函数中是奇函数的是（　　）.

A. $y=x\sin x$　　B. $y=x+3$

C. $y=x\cos x$　　D. $y=\mathrm{e}^x$

4. 设 $f(x)=|x-3|$，则 $f[f(1)]=$（　　）.

A. 3　　B. 2　　C. 1　　D. 0

5. 数列 1，$\dfrac{1}{2}$，$\dfrac{1}{3}$，$\dfrac{1}{2^2}$，$\dfrac{1}{5}$，$\dfrac{1}{2^3}$，$\dfrac{1}{7}$，$\dfrac{1}{2^4}$ $\cdots$的极限是（　　）.

A. 1　　B. 0　　C. -1　　D. 不存在

6. $f(x)=\begin{cases}x^2+1, x<1\\ 1, \quad x=1\\ -1, \quad x>1\end{cases}$，则 $\lim\limits_{x\to 1}f(x)=$（　　）.

A. 2　　B. 1　　C. -1　　D. 不存在

7. $\lim\limits_{n\to\infty}\left[\dfrac{1}{1\times 2}+\dfrac{1}{2\times 3}+\cdots+\dfrac{1}{n(n+1)}\right]=$（　　）.

A. 0　　B. 1　　C. 2　　D. 不存在

8. 当 $x\to\infty$ 时，下列函数中，不是无穷大量的是（　　）.

A. $\sin x$　　B. x　　C. x^2　　D. $x+\sin x$

9. $\lim\limits_{n\to\infty}\dfrac{3^n-2^n}{3^n+2^n}=$（　　）.

A. -1　　B. 0　　C. 1　　D. 3

10. $\lim\limits_{x\to 1}\left(\dfrac{1}{1-x}-\dfrac{3}{1-x^3}\right)=$（　　　）.

A. 0　　B. 1　　C. 2　　D. -1

三、求下列函数的极限.

1. $\lim\limits_{n\to\infty}\dfrac{2n^3+6n}{5n^3+4n-1}$；

2. $\lim\limits_{t\to 0}\dfrac{(x+t)^2-x^2}{t}$；

3. $\lim\limits_{x\to 1}\dfrac{x^3-1}{x^4-1}$；

4. $\lim\limits_{x\to\infty}\left(\dfrac{x^2}{x-1}-\dfrac{x^2}{x+1}\right)$.

四、求下列函数的极限.

1. $\lim\limits_{x\to 0}\dfrac{\tan 7x}{\sin 8x}$；

2. $\lim\limits_{x\to\infty}\left(1+\dfrac{1}{2x}\right)^x$.

五、指出下列函数是由哪些基本初等函数复合而成的.

1. $y=\mathrm{e}^{\sin 3x}$.

2. $y=\cos\dfrac{1}{\sqrt{2x^2+1}}$.

六、若 $\lim\limits_{x\to\infty}\dfrac{a^2x^2+3x-1}{bx}=1$，问 a,b 各等于多少？

七、某公司生产某种产品，固定成本为 2 万元. 已知年产量 $Q\leqslant 1\,000$ 时，每生产一个单位产品，成本增加 a 元；年产量 $Q>1\,000$ 时，每生产一个单位产品，成本增加 $\dfrac{1}{2}a$ 元. 另外，总收入 R 是年产量 Q 的函数为

$$R(Q)=\begin{cases}600Q-\dfrac{1}{2}Q^2, & 0\leqslant Q\leqslant 1\,000\\ 85\,000+aQ, & Q>1\,000\end{cases}$$

要使利润函数 $L=L(Q)$ 是 $[0,2\,000]$ 上的连续函数，求 a 的值.

八、设 1 g 冰从 -40 °C 升到 100 °C 所需要的热量（单位：J）模型为

$$f(x)=\begin{cases}2.1x+84, & -40\leqslant x\leqslant 0\\ 4.2x+420, & x>0\end{cases}$$

试问当 $x=0$ 时，函数是否连续？并解释其几何意义.

九、一个商场的停车场第一个小时及以内收费 5 元，以后每小时及以内加收 3 元，每天最多收费 20 元，试讨论此函数的间断点及它们的意义.

十、设某赛车跑完 120 km 恰好用了 30 min 时间，问在 120 km 的路程中是否至少有一段长为 20 km 的距离恰好用 5 min 跑完.

第二章　导数与微分

【本章知识结构图】

- 导数
  - 导数的概念
    - 导数的概念
    - 求导步骤
    - 导数的几何意义
    - 函数可导与连续的关系
  - 求导法则
    - 函数的和、差、积、商的求导法则
    - 复合函数的求导法则
    - 反函数的求导法则
    - 初等函数的导数公式与求导法则
  - 求导方法
    - 隐函数求导法
    - 对数求导法
    - 由参数方程所确定的函数的导数
    - 高阶导数
  - 微分及其在近似计算中的应用
    - 微分的概念
    - 微分的几何意义
    - 微分的运算法则
    - 微分在近似计算中的应用

第一节　导数的概念

【本节知识要点】

1. 导数的定义.

设函数 $y=f(x)$ 在点 x_0 的某一邻域内有定义，当自变量 x 在 x_0 处有增量 $\Delta x(\Delta x\neq 0)$ 时，相应地，函数有增量 $\Delta y=f(x_0+\Delta x)-f(x_0)$. 若极限

$$\lim_{\Delta x\to 0}\frac{\Delta y}{\Delta x}=\lim_{\Delta x\to 0}\frac{f(x_0+\Delta x)-f(x_0)}{\Delta x}$$

存在，则称该极限值为函数 $f(x)$ 在点 x_0 处的导数，也称函数 $f(x)$ 在点 x_0 处可导，记作

$$f'(x_0)，或 y'\big|_{x=x_0}，\left.\frac{\mathrm{d}y}{\mathrm{d}x}\right|_{x=x_0}，或 \left.\frac{\mathrm{d}f(x)}{\mathrm{d}x}\right|_{x=x_0}$$

即

$$f'(x_0)=\lim_{\Delta x\to 0}\frac{\Delta y}{\Delta x}=\lim_{\Delta x\to 0}\frac{f(x_0+\Delta x)-f(x_0)}{\Delta x}$$

2. 两个实例.

（1）变速直线运动在时刻 t_0 的瞬时速度就是位置函数 $s=s(t)$ 在 t_0 处对时间的导数，即

$$v(t_0)=\left.\frac{\mathrm{d}s}{\mathrm{d}t}\right|_{t=t_0}=\lim_{t\to t_0}\frac{s(t)-s(t_0)}{t-t_0}$$

（2）平面曲线上点 (x_0,y_0) 处的切线斜率是曲线纵坐标 y 在该点对横坐标 x 的导数，即

$$k=\tan\alpha=\left.\frac{\mathrm{d}y}{\mathrm{d}x}\right|_{x=x_0}=\lim_{x\to x_0}\frac{f(x)-f(x_0)}{x-x_0}$$

3. 左、右导数.

两极限

$$\lim_{\Delta x\to 0^-}\frac{\Delta y}{\Delta x}=\lim_{\Delta x\to 0^-}\frac{f(x_0+\Delta x)-f(x_0)}{\Delta x},$$

$$\lim_{\Delta x\to 0^+}\frac{\Delta y}{\Delta x}=\lim_{\Delta x\to 0^+}\frac{f(x_0+\Delta x)-f(x_0)}{\Delta x}$$

分别称为函数 $y=f(x)$ 在点 x_0 处的左导数和右导数，且分别记为 $f'_-(x_0)$ 和 $f'_+(x_0)$.

4. 函数 $y=f(x)$ 在点 x_0 的左、右导数存在且相等是 $y=f(x)$ 在点 x_0 处可导的充分必要条件.

如果函数 $y=f(x)$ 在区间 (a,b) 内每一点都可导，则称 $y=f(x)$ 在区间 (a,b) 内可导.

如果函数 $y=f(x)$ 在区间 (a,b) 内每一点都可导，且 $f'_+(a),f'_-(b)$ 存在，则称 $y=f(x)$ 在区间 $[a,b]$ 上可导.

5. 导函数的定义.

如果 $y=f(x)$ 在 (a,b) 内可导，那么对于 (a,b) 中的每一个确定的 x 值，都对应着一个确定的导数值 $f'(x)$，这样就确定了一个新的函数，此函数称为函数 $y=f(x)$ 的导函数，记为

$$y',\ f'(x),\ \frac{\mathrm{d}y}{\mathrm{d}x} 或 \frac{\mathrm{d}f(x)}{\mathrm{d}x}$$

导函数也简称为导数.

6. 求导步骤.

根据导数的定义，求函数 $y=f(x)$ 的导数可以分为以下三个步骤：

（1）求函数的增量：$\Delta y=f(x+\Delta x)-f(x)$.

（2）算比值：$\dfrac{\Delta y}{\Delta x}=\dfrac{f(x+\Delta x)-f(x)}{\Delta x}$.

（3）取极限：$y'=\lim\limits_{\Delta x\to 0}\dfrac{\Delta y}{\Delta x}$.

7. 导数的几何意义.

函数 $y=f(x)$ 在点 x_0 处的导数等于函数所表示的曲线 c 在相应点 (x_0, y_0) 处的切线斜率，即 $k=f'(x_0)$.

8. 曲线 c 上点 $M(x_0, y_0)$ 处的切线方程是：$y-y_0=f'(x_0)(x-x_0)$；过点 $M(x_0, y_0)$ 的法线方程为：$y-y_0=-\dfrac{1}{f'(x_0)}(x-x_0)$.

若 $f'(x_0)=0$，则切线平行于 x 轴，切线方程为 $y=y_0$；法线垂直于 x 轴，法线方程为 $x=x_0$.

若 $f'(x_0)=\infty$，则切线垂直于 x 轴，切线方程为 $x=x_0$；法线平行于 x 轴，法线方程为 $y=y_0$.

9. 定理（可导性与连续性的关系）：

如果函数 $y=f(x)$ 在点 x_0 处可导，则 $y=f(x)$ 在点 x_0 处连续.

习题 2-1

1. 设质点的运动方程是 $s=t^2+1$，计算：

（1）从 $t=2$ 到 $t=2+\Delta t$ 之间的平均速度；

（2）当 $\Delta t=0.1$ 时的平均速度；

（3）当 $t=2$ 时的瞬时速度.

2. 根据导数的定义，求下列函数的导函数和导数值：

（1）已知 $f(x)=5-x$，求 $f'(x), f'(-5)$；

（2）已知 $y=x^2-2$，求 $y', y'|_{x=2}$.

3. 利用幂函数的求导公式，求下列函数的导数：

（1）$y = x^{100}$；（2）$y = \dfrac{1}{\sqrt{x}}$.

4. 求双曲线 $y = \dfrac{1}{x}$ 在点 $x = 1$ 处的切线方程和法线方程.

5. 求曲线 $y = x + \ln x$ 上哪一点处的切线与直线 $y = 4x - 1$ 平行？

6. 有一细杆，已知从杆的一端算起长度为 x 的一段的质量为 $m(x)$，给出细杆上距离此端点为 x_0 的点处线密度的定义.

7. 设物体绕定轴旋转，其转角 θ 与时间 t 的函数关系为 $\theta = \theta(t)$，如果旋转是均匀的，则称 $\omega = \dfrac{\Delta\theta}{\Delta t}$ 为旋转的角速度；如果旋转是非均匀的，如何定义 t_0 时的角速度？

8. 高温物体在低温介质中冷却，已知温度 θ 与时间 t 的关系为 $\theta = \theta(t)$，给出 t_0 时冷却速度的定义式.

*9. 讨论下列函数在点 $x=0$ 处的连续性与可导性：

（1）$y=|\sin x|$；

（2）$y=\begin{cases} x\sin\dfrac{1}{x}, & x\neq 0 \\ 0, & x=0 \end{cases}$.

第二节　求导法则

【本节知识要点】

1. 基本初等函数的导数公式.

（1）$C'=0$ (C 为常数)；

（2）$(x^{\mu})'=\mu x^{\mu-1}$；

（3）$(a^x)'=a^x\ln a$；

（4）$(\mathrm{e}^x)'=\mathrm{e}^x$；

（5）$(\log_a x)'=\dfrac{1}{x\ln a}$；

（6）$(\ln x)'=\dfrac{1}{x}$；

（7）$(\sin x)'=\cos x$；

（8）$(\cos x)'=-\sin x$；

（9）$(\tan x)'=\sec^2 x$；

（10）$(\cot x)'=-\csc^2 x$；

（11）$(\sec x)'=\sec x\tan x$；

（12）$(\csc x)'=-\csc x\cot x$；

（13）$(\arcsin x)'=\dfrac{1}{\sqrt{1-x^2}}$；

（14）$(\arccos x)'=-\dfrac{1}{\sqrt{1-x^2}}$；

（15）$(\arctan x)'=\dfrac{1}{1+x^2}$；

（16）$(\mathrm{arccot}\, x)'=-\dfrac{1}{1+x^2}$

2. 函数的和、差、积、商的求导法则.

（1）$(u\pm v)'=u'\pm v'$；

（2）$(uv)'=u'v+uv'$，特别的，$(Cu)'=Cu'$ (C 为常数)；

（3）$\left(\dfrac{u}{v}\right)'=\dfrac{u'v-uv'}{v^2}(v\neq 0)$，特别的，$\left(\dfrac{C}{v}\right)'=-\dfrac{Cv'}{v^2}$ (C 为常数).

3. 复合函数的求导法则.

设函数 $y=f(u)$,$u=\varphi(x)$ 均可导，则复合函数 $y=f[\varphi(x)]$ 也可导，且有

$$\frac{\mathrm{d}y}{\mathrm{d}x}=\frac{\mathrm{d}y}{\mathrm{d}u}\cdot\frac{\mathrm{d}u}{\mathrm{d}x}$$

也可记为

$$y'_x=y'_u\cdot u'_x \quad 或 \quad y'(x)=f'(u)\cdot\varphi'(x)$$

4. 反函数的求导法则.

设 $y=f(x)$ 是 $x=\varphi(y)$ 的反函数，$y=f(x)$，$x=\varphi(y)$ 均可导，且 $\varphi'(y)\neq 0$，则

$$f'(x)=\frac{1}{\varphi'(y)}$$

习题 2–2

1. 求下列函数的导数：

（1）$y=x^3-3x+2$；

（2）$y=3\ln x-\sin x+\cos\frac{\pi}{3}$；

（3）$y=\frac{x^3-2x+1}{x}$；

（4）$y=\mathrm{e}^2+x^2\ln a$；

（5）$y=(\sqrt{x}-1)(x+1)$；

（6）$y=(1+\cos x)(x-\ln x)$；

（7）$y=\frac{1+x}{2-x^2}$；

（8）$y=\frac{x}{1-\cos x}$；

（9）$y=x^2\arcsin x$；

（10）$y=x\ln x\sin x$.

2. 求下列函数在指定点处的导数：

（1）$y=(1+x^2)\ln x$，求 $y'\big|_{x=1}$；

（2）$y=3x^2+x\cos x-1$，求 $y'\big|_{x=-\pi}$；

（3）$y=\dfrac{1-\ln x}{1+\ln x}$，求 $y'\big|_{x=\mathrm{e}}$；

（4）$y=(1+x^3)\left(5-\dfrac{1}{x^2}\right)$，求 $y'\big|_{x=1}$.

3. 求下列函数的导数：

（1）$y=\sin 2x$；

（2）$y=\cos^2 x$；

（3）$y=(x^2-x+1)^9$；

（4）$y=\mathrm{e}^{3x}$；

（5）$y=\tan(x^2+1)$；

（6）$y=\tan\dfrac{x}{2}+\csc 2x$；

（7）$y=\ln\sin x^2$；

（8）$y=\dfrac{1}{\sqrt{1-x^2}}$；

（9）$y=\cos^3(x^2+1)$；

（10）$y=\sqrt{\tan(2x+1)}$；

（11）$y=\ln\sqrt{a^2+x^2}$；

（12）$y=\sin\sqrt{x}+\sqrt{\sin x}$；

（13）$y=(x-1)\sqrt{x^2+1}$；

（14）$y=\ln\sin\sqrt{x}$.

4. 求下列函数在指定点处的导数：

（1）$f(x)=\arctan\sqrt{x}$，求 $f'(1)$；

（2）$y=\sqrt{1+\ln^2 x}$，求 $\left.\dfrac{\mathrm{d}y}{\mathrm{d}x}\right|_{x=\mathrm{e}}$.

5. 求下列函数的导数：

（1）$y=\sqrt{1-x^2}\arccos x$；　　（2）$y=\dfrac{\arcsin x}{x}$；

（3）$y=\arctan\dfrac{x+1}{x-1}$；　　（4）$y=x\arcsin(\ln x)$.

*6. 设函数 $f(x)$ 与 $g(x)$ 均可导，求下列函数的导数.

（1）$y=\ln f(\sin x)$；　　（2）$y=g(\sqrt{1+x^2})$.

7. 已知电容器极板上的电量为 $Q(t)=CU_{\mathrm{m}}\sin\omega t$，其中 C,U_{m},ω 都是常数，求电流强度 $i(t)$.

8. 质量为 m_0 的物质，在化学分解过程中，经过时间 t 以后，所剩物质的质量 m 与时间 t 的函数关系为 $m = m_0 e^{-kt}$ (k 是常数，$k > 0$)，试求物质的质量 m 对时间 t 的变化率.

9. 在中午 12 点整，甲船以 6 km/h 的速率向东行驶，乙船在甲船之北 16 km，以 8 km/h 的速率向南行驶，问下午 1 点整时，两船相互远离的速率是多少？

10. 有一个深 8 m、上顶直径为 8 m 的锥形漏斗，现在以每分钟 4 m^3 的速度将水注入，当水深 5 m 时，其水面上升的速度为多少？

第三节　求导方法

【本节知识要点】

1. 隐函数求导法.

将方程的两边同时对 x 求导，并注意到 y 是 x 的函数，即遇到 y 就利用复合函数的求导法则求导，这样得到一个含 y' 的方程，解出 y' 就可得到隐函数的导数.

2. 对数求导法.

对等式两边同时取对数，变成隐函数的形式，再利用隐函数的求导法求出它的导数，这种求导方法称为对数求导法.

3. 由参数方程所确定的函数的导数.

设参数方程 $\begin{cases} x = \varphi(t) \\ y = \phi(t) \end{cases}$，$t \in I$，若函数 $x = \varphi(t)$，$y = \phi(t)$ 均可导，且 $\varphi'(t) \neq 0$ 时，利用复合函数与反函数求导法则，可得

$$\frac{\mathrm{d}y}{\mathrm{d}x}=\frac{\mathrm{d}y}{\mathrm{d}t}\cdot\frac{\mathrm{d}t}{\mathrm{d}x}=\frac{\mathrm{d}y}{\mathrm{d}t}\cdot\frac{1}{\frac{\mathrm{d}x}{\mathrm{d}t}}=\frac{\phi'(t)}{\varphi'(t)}$$

该式也可写成

$$\frac{\mathrm{d}y}{\mathrm{d}x}=\frac{\frac{\mathrm{d}y}{\mathrm{d}t}}{\frac{\mathrm{d}x}{\mathrm{d}t}}$$

4. 高阶导数.

如果函数 $y=f(x)$ 的导数 $y'=f'(x)$ 仍是 x 的可导函数，就称 $y'=f'(x)$ 的导数为函数 $y=f(x)$ 的二阶导数，记作

$$y'',\ f''(x)\quad 或\quad \frac{\mathrm{d}^2y}{\mathrm{d}x^2}$$

即
$$y''=(y')',\ f''(x)=[f'(x)]'\quad 或\quad \frac{\mathrm{d}^2y}{\mathrm{d}x^2}=\frac{\mathrm{d}}{\mathrm{d}x}\left(\frac{\mathrm{d}y}{\mathrm{d}x}\right)$$

相应的，把函数 $y=f(x)$ 的导数 $y'=f'(x)$ 称为函数 $y=f(x)$ 的一阶导数.

类似的，二阶导数的导数称为三阶导数，三阶导数的导数称为四阶导数，……，一般的，函数 $y=f(x)$ 的 $n-1$ 阶导数的导数称为 $y=f(x)$ 的 n 阶导数，分别记作

$$y''',y^{(4)},\cdots,y^{(n)}\quad 或\quad f'''(x),f^{(4)}(x),\cdots,f^{(n)}(x)\quad 或\quad \frac{\mathrm{d}^3y}{\mathrm{d}x^3},\frac{\mathrm{d}^4y}{\mathrm{d}x^4},\cdots,\frac{\mathrm{d}^ny}{\mathrm{d}x^n}$$

二阶及二阶以上的导数统称为高阶导数. 求高阶导数只需要用以前学过的求导方法，从一阶导数开始，逐阶求导，直到所要求的阶数即可.

习题 2-3

1. 求由下列方程所确定的隐函数的导数：

（1）$x^3+6xy-y^3=0$，求 $\frac{\mathrm{d}y}{\mathrm{d}x}$；　　（2）$y=1+xe^y$，求 $\frac{\mathrm{d}y}{\mathrm{d}x}$；

（3）$x=y+\arctan y$，求 $\frac{\mathrm{d}y}{\mathrm{d}x}$；　　（4）$ye^x+\ln y=1$，求 $\frac{\mathrm{d}y}{\mathrm{d}x}$；

（5）$x\cos y=\sin(x+y)$，求 $\dfrac{\mathrm{d}y}{\mathrm{d}x}$；

（6）$y=\cos x+\dfrac{1}{2}\sin y$，求 $\dfrac{\mathrm{d}y}{\mathrm{d}x}$.

2. 求曲线 $x^2+y^5-2xy=0$ 在点 $(1,1)$ 处的切线方程.

3. 求下列函数的导数：

（1）$y=x^{e^x}$；

（2）$y=(1+x^2)^{\tan x}$；

（3）$y=\sqrt{\dfrac{(1-x)(x-2)}{x(x-3)}}$；

（4）$y=\dfrac{\sqrt[5]{x-3}\sqrt[3]{3x-2}}{\sqrt{x+2}}$.

4. 求由下列参数方程所确定的函数的导数 $\dfrac{\mathrm{d}y}{\mathrm{d}x}$.

（1）$\begin{cases} x=\arctan t \\ y=\ln(1+t^2) \end{cases}$；

（2）$\begin{cases} x=a\cos t \\ y=b\sin t \end{cases}$（$a,b$ 为常数）.

5. 求下列函数的二阶导数：

（1） $y = x^2 + \ln x$；　　　　（2） $y = (1+x^2)\arctan x$；

（3） $x^2 + y^2 = R^2$；　　　　（4） $y = 1 - xe^y$.

*6. 求由下列参数方程所确定的函数的二阶导数：

（1） $\begin{cases} x = at + b \\ y = \dfrac{1}{2}at^2 + bt \end{cases}$（$a,b$ 为常数，且 $a \neq 0$），求 $\dfrac{d^2y}{dx^2}$；

（2） $\begin{cases} x = a(t - \sin t) \\ y = a(1 - \cos t) \end{cases}$（其中 a 为不等于零的常数），求 $\dfrac{d^2y}{dx^2}$ 及 $\left.\dfrac{d^2y}{dx^2}\right|_{t=\frac{\pi}{2}}$.

7. 求下列函数的 n 阶导数：

（1） $y = e^{2x}$；　　　　（2） $y = x\ln x$；

（3）$y=\sin 2x$；　　（4）$y=\dfrac{1-x}{1+x}$.

第四节　微分及其在近似计算中的应用

【本节知识要点】

1. 微分的定义.

若函数 $y=f(x)$ 在点 x_0 的某一邻域内有定义，如果在此邻域内自变量 x 在点 x_0 处有增量 Δx，对应函数的增量 $\Delta y=f(x_0+\Delta x)-f(x_0)$ 可以表示成

$$\Delta y=A\cdot\Delta x+o(\Delta x)$$

其中 A 是与 Δx 无关的常数，$o(\Delta x)$ 是 Δx 的高阶无穷小，则称 $A\cdot\Delta x$ 为函数 $y=f(x)$ 在点 x_0 处的微分，记为 $\mathrm{d}y$ 或 $\mathrm{d}f(x_0)$，即

$$\mathrm{d}y=A\cdot\Delta x \quad 或 \quad \mathrm{d}f(x_0)=A\cdot\Delta x$$

这时称函数 $f(x)$ 在点 x_0 处可微.

2. 微分的运算法则.

（1）微分基本公式.

① $\mathrm{d}(C)=0$（C 为常数）；　　② $\mathrm{d}(x^{\mu})=\mu x^{\mu-1}\mathrm{d}x$；

③ $\mathrm{d}(a^x)=a^x\ln a\mathrm{d}x$；　　④ $\mathrm{d}(\mathrm{e}^x)=\mathrm{e}^x\mathrm{d}x$；

⑤ $\mathrm{d}(\log_a x)=\dfrac{1}{x\ln a}\mathrm{d}x$；　　⑥ $\mathrm{d}(\ln x)=\dfrac{1}{x}\mathrm{d}x$；

⑦ $\mathrm{d}(\sin x)=\cos x\mathrm{d}x$；　　⑧ $\mathrm{d}(\cos x)=-\sin x\mathrm{d}x$；

⑨ $\mathrm{d}(\tan x)=\sec^2 x\mathrm{d}x$；　　⑩ $\mathrm{d}(\cot x)=-\csc^2 x\mathrm{d}x$；

⑪ $\mathrm{d}(\sec x)=\sec x\tan x\mathrm{d}x$；　　⑫ $\mathrm{d}(\csc x)=-\csc x\cot x\mathrm{d}x$；

⑬ $\mathrm{d}(\arcsin x)=\dfrac{1}{\sqrt{1-x^2}}\mathrm{d}x$；　　⑭ $\mathrm{d}(\arccos x)=-\dfrac{1}{\sqrt{1-x^2}}\mathrm{d}x$；

⑮ $\mathrm{d}(\arctan x)=\dfrac{1}{1+x^2}\mathrm{d}x$；　　⑯ $\mathrm{d}(\mathrm{arccot}\,x)=-\dfrac{1}{1+x^2}\mathrm{d}x$.

（2）函数的和、差、积、商的微分运算.

设 $u=u(x)$，$v=v(x)$ 可导，则有

① $d(u \pm v) = du \pm dv$；

② $d(uv) = udv + vdu$，特别的，$d(Cu) = Cdu$（C 为常数）；

③ $d\left(\frac{u}{v}\right) = \frac{vdu - udv}{v^2} (v \neq 0)$.

（3）复合函数的微分法则.

设函数 $y = f(u), u = \varphi(x)$ 均可导，则复合函数 $y = f[\varphi(x)]$ 的微分为

$$dy = y'_x dx = f'(u)\varphi'(x)dx$$

由于 $\varphi'(x)dx = du$，所以复合函数 $y = f[\varphi(x)]$ 的微分也可以写成如下形式：

$$dy = f'(u)du$$

3. 微分在近似计算中的应用.

（1）计算函数增量的近似值：

$$\Delta y \approx dy = f'(x_0)\Delta x \qquad (|\Delta x| \text{较小})$$

（2）计算函数值的近似值：

$$f(x_0 + \Delta x) \approx f(x_0) + f'(x_0)\Delta x \qquad (|\Delta x| \text{较小})$$

习题 2-4

1. 分别求出函数 $f(x) = x^2 - 3x + 5$ 在 $x = 1$ 处的增量及微分.

（1）$\Delta x = 1$；　（2）$\Delta x = 0.1$；　（3）$\Delta x = 0.01$.

对上述结果加以比较，是否能得出结论：$|\Delta x|$ 越小，增量与微分的误差越小.

2. 求下列函数在给定条件下的增量和微分：

（1）$y = 2x + 1$，x 从 0 变到 0.02；

（2）$y = x^2 + 2x + 3$，x 从 2 变到 1.99.

3. 求下列函数的微分：

（1）$y=x^3+1$；

（2）$y=\sqrt{x}-x$；

（3）$y=\mathrm{e}^{\sin 2x}$；

（4）$y=(4-x^2)^2$；

（5）$y=\arctan \mathrm{e}^x$；

（6）$y=\mathrm{e}^{-x}\cos x$；

（7）$y=\dfrac{x+1}{x-1}$；

（8）$y=\dfrac{\ln x}{\sqrt{x}}$.

4. 将适当的函数填入下列括号内，使等式成立：

（1）$\cos x\mathrm{d}x=\mathrm{d}(\quad)$；

（2）$(2x+1)\mathrm{d}x=\mathrm{d}(\quad)$；

（3）$\mathrm{e}^x\mathrm{d}x=\mathrm{d}(\quad)$；

（4）$\mathrm{d}(\quad)=\dfrac{1}{x}\mathrm{d}x$；

（5）$\mathrm{d}(\quad)=\dfrac{1}{1+x^2}\mathrm{d}x$；

（6）$\mathrm{d}(\quad)=\sin x\mathrm{d}x$；

（7）$\mathrm{d}(\quad)=3x\mathrm{d}x$；

（8）$\mathrm{d}(\quad)=\cos \omega x\mathrm{d}x$；

（9）$\mathrm{d}(\quad)=\dfrac{1}{1+x}\mathrm{d}x$；

（10）$\mathrm{d}(\quad)=\mathrm{e}^{-2x}\mathrm{d}x$；

（11）$\mathrm{d}(\quad)=\dfrac{1}{\sqrt{x}}\mathrm{d}x$；

（12）$\mathrm{d}(\quad)=\sec^2 3x\mathrm{d}x$.

5. 计算下列函数的近似值：

（1）$\sin 0.03$；

（2）$\tan 0.04$；

（3）$e^{0.05}$；

（4）$\ln 1.02$；

（5）$\sqrt[5]{1.003}$；

（6）$e^{1.01}$.

6. 已知一正方体的棱长为 10 m，如果它的棱长增加 0.1 m，求体积增加的精确值与近似值.

7. 有一批半径为 1 cm 的钢球，为了提高钢球表面的光洁度，要镀上一层厚为 0.01 cm 的铜. 若铜的密度为 8.9 g/cm^3，试求每个钢球需用多少克铜？

8. 当$|x|$很小时，证明：

（1）$(1+x)^{\alpha} \approx 1+\alpha x$；

（2）$\arctan x \approx x$.

复习题二

一、选择题.

1. 曲线 $y=\ln x$ 在点 $(1,0)$ 处的切线与 x 轴的交角为（　　）.

A. $\dfrac{\pi}{2}$　　B. $\dfrac{\pi}{3}$　　C. $\dfrac{\pi}{4}$　　D. $\dfrac{\pi}{6}$

2. 曲线 $y=x+e^x$ 在点 $x=0$ 处的切线方程为（　　）.

A. $y=2x+1$　　B. $y=2x+2$　　C. $y=x+1$　　D. $y=x+2$

3. 设 $f(x)=x^2\sin(2-x)$，则 $f'(2)=$（　　）.

A. 0　　B. 8　　C. 4　　D. –4

4. 设 $y=e^{2x}$，则 $y'=$（　　）.

A. e^{2x}　　B. $2e^{2x}$　　C. $2xe^{2x-1}$　　D. $2e^{2x-1}$

5. 设 $y=xe^x$，则 $dy=$（　　）.

A. $(x-xe^x)dx$　　B. $e^x(1+x)dx$　　C. $(1+e^x)dx$　　D. e^xdx

*6. 若函数 $f(x)$ 在 $x=x_0$ 处可导，则 $\lim\limits_{h\to 0}\dfrac{f(x_0-h)-f(x_0)}{h}=$（　　）.

A. $f'(x_0)$　　B. $-f'(x_0)$　　C. $f(x_0)$　　D. $-f(x_0)$

7. $f(x)$ 在点 x_0 的左导数 $f'_-(x_0)$ 及右导数 $f'_+(x_0)$ 都存在且相等是 $f(x)$ 在点 x_0 可导的(　　).

A. 充分条件　　B. 必要条件

C. 充要条件　　D. 既不充分又不必要条件

二、填空题.

1. 某物体作直线运动，运动方程为 $S=3t^2-5t$，该物体在 $t=2$ s时的加速度是__________.

2. 若 $y=\sin 2+x^2+2^x$，则 $\dfrac{dy}{dx}=$________.

3. 设函数 $y=f(x)$ 由方程 $xy+\ln y=1$ 所确定，则 $dy=$_________.

*4. 设 $f(0)=0$，$f'(0)$ 存在，则 $\lim\limits_{x\to 0}\dfrac{f(x)}{x}=$____________.

5. 若 $f(x)$ 可导，则 $[f(2x)]'=$______________.

*6. 设函数 $f(x)=\begin{cases}x^2, & x\leqslant 0\\ xe^x, & x>0\end{cases}$，则 $f(x)$ 在 $x=0$ 处的左导数 $f'_-(0)=$___________，右导数 $f'_+(0)=$__________.

*7. 设函数 $f(x)=\begin{cases}x^2, & x\leqslant 1\\ ax+b, & x>1\end{cases}$ 在点 $x=1$ 处连续且可导，则 $a=$________，$b=$__________.

三、求下列函数的导数.

1. $y=x^2-\sqrt{x}+\cos\dfrac{\pi}{4}$；　　2. $y=2\tan x+\sec x-3$；

3. $y=\mathrm{e}^{x}(x^{2}-2x+3)$；

4. $y=\dfrac{\arcsin x}{x}$；

5. $y=\sin(3-2x)$；

6. $y=\arcsin\sqrt{x}$；

7. $y=\ln(x+\sqrt{x^{2}+5})$；

8. $y=\ln\sqrt{\dfrac{1+\sin x}{1-\sin x}}$；

9. $y=(1+x^{2})^{x}$；

10. $y=\dfrac{\sqrt{x+1}}{\sqrt[3]{x^{2}+2}}$.

四、求下列函数在给定点处的导数.

1. $f(x)=\ln\tan x$，求 $f'\left(\dfrac{\pi}{6}\right)$；

2. $f(t)=\dfrac{t-\sin t}{t+\sin t}$，求 $f'\left(\dfrac{\pi}{2}\right)$；

*3. $f(x)=x\sqrt{\dfrac{1-x}{1+x}}$，求 $f'\left(\dfrac{1}{2}\right)$；

4. 已知 $y\sin x-\cos(x+y)=0$，求 $\left.\dfrac{\mathrm{d}y}{\mathrm{d}x}\right|_{\substack{x=0\\ y=\frac{\pi}{2}}}$.

五、求下列函数的微分.

1. $y=\ln\sec 3x$；

2. $y=\arctan\sqrt{x^2-1}$；

3. $y=\cos^3(1-2x)$；

4. $y=\dfrac{x}{\sqrt{x^2+1}}$.

六、已知参数方程 $\begin{cases} x=\ln(1+t^2) \\ y=t+\operatorname{arccot} t \end{cases}$，求 $\dfrac{\mathrm{d}y}{\mathrm{d}x}$ 及 $\dfrac{\mathrm{d}^2y}{\mathrm{d}x^2}$.

七、求由方程 $x^y=y^x$ 确定的隐函数的导数 $\dfrac{\mathrm{d}y}{\mathrm{d}x}$.

八、证明：双曲线 $xy=a^2$ 上任一点处的切线与两坐标轴构成的三角形的面积都等于 $2a^2$.

*九、如果 $f(x)$ 在 $x=x_0$ 处可导，求：

1. $\lim\limits_{h\to 0}\dfrac{f(x_0+2h)-f(x_0-h)}{h}$；

2. $\lim\limits_{\Delta x\to 0}\dfrac{f(x_0+\Delta x)-f(x_0-\Delta x)}{\Delta x}$.

十、设 $p(t)$ 表示某油田在 t 年的蕴藏量，则 $p'(t_0)$ 表示什么？ t_0 年采油量如何表示？

十一、一平面圆环，其内半径为 10 cm，宽为 0.1 cm，求其面积的精确值与近似值.

十二、以 10 cm^3/s 的速率给一个球形气球充气，那么当气球半径为 2 cm 时，它的表面积增加的速率是多少？

十三、有一个长度为 5 m 的梯子竖直地靠在铅直的墙上，假设其下端沿地板以 2 m/s 的速率离开墙角而滑动，求其下端离开墙角 3 m 时，梯子上端下滑的速率？

十四、在临界阻尼状态下，一质点作有阻尼的自由振动，若其运动方程为 $s=(1+t)\mathrm{e}^{-2t}$ ，求质点的速度和加速度.

第三章　导数的应用

【本章知识结构图】

- 导数的应用
  - 微分中值定理
    - 罗尔定理
    - 拉格朗日中值定理
    - 柯西中值定理
  - 洛必达法则
    - $\frac{0}{0}$和$\frac{\infty}{\infty}$未定式
    - 1^{∞}、∞^{0}和0^{0}未定式
  - 函数的单调性
    - 单调性的定义
    - 单调性的判定计算步骤
  - 函数的极值
    - 极值的定义
    - 极值的计算步骤
  - 最大值与最小值
    - 函数求最值的方法
    - 应用问题求最值的计算步骤
  - 函数的凹凸性
    - 函数凹凸性、拐点的定义
    - 函数凹凸区间和拐点的计算步骤
  - 曲率
    - 弧微分
    - 曲率及其计算公式
    - 曲率圆与曲率半径
  - 函数图形的描绘
    - 水平渐近线与垂直渐近线
    - 函数图形的描绘步骤

第一节　微分中值定理

【本节知识要点】

1. 罗尔定理.

如果函数 $y=f(x)$ 在闭区间 $[a,b]$ 上连续，在开区间 (a,b) 内可导，且 $f(a)=f(b)$，则在 (a,b) 内至少存在一点 ξ，使得 $f'(\xi)=0$.

2. 拉格朗日中值定理.

如果函数 $y=f(x)$ 在闭区间 $[a,b]$ 上连续，在开区间 (a,b) 内可导，则在 (a,b) 内至少有一点 $\xi(a<\xi<b)$，使得 $f(b)-f(a)=f'(\xi)(b-a)$.

3. 柯西中值定理.

如果函数 $f(x)$ 及 $g(x)$ 在闭区间 $[a,b]$ 上连续，在开区间 (a,b) 内可导，且 $g'(x)$ 在 (a,b) 内的每一点均不为零，则在 (a,b) 内至少有一点 $\xi\in(a,b)$，使得 $\dfrac{f(b)-f(a)}{g(b)-g(a)}=\dfrac{f'(\xi)}{g'(\xi)}$.

4. 三个定理之间的联系.

罗尔定理通过推广可得拉氏定理，拉氏定理通过推广可得柯西定理.

柯西定理中令 $g(x)=x$ 可得拉氏定理，拉氏定理中令 $f(a)=f(b)$ 可得罗尔定理.

习题 3–1

1. 判断题.

（1）函数 $f(x)$ 在 $[a,b]$ 上连续，且 $f(a)=f(b)$，则至少存在一点 $\xi\in(a,b)$，使 $f'(\xi)=0$.（　　）

2. 选择题.

（1）下列函数中，在区间 $[-1,1]$ 上满足罗尔定理条件的是（　　）.

A. $f(x)=\mathrm{e}^x$　　B. $g(x)=\ln|x|$

C. $h(x)=1-x^2$　　D. $k(x)=\begin{cases}x\sin\dfrac{1}{x}, & x\neq 0\\ 0, & x=0\end{cases}$

（2）罗尔定理的条件是其结论的（　　）.

A. 充分条件　　B. 必要条件　　C. 充要条件

（3）函数 $f(x)=\begin{cases}\dfrac{3-x^2}{2}, & 0\leqslant x\leqslant 1\\ \dfrac{1}{x}, & 1<x<+\infty\end{cases}$ 在区间 $[0,2]$ 上（　　）.

A. 满足拉格朗日定理的条件　　B. 不满足拉格朗日定理的条件

（4）在区间 $[-1,1]$ 上，下列函数满足罗尔定理的是（　　）.

A. $f(x)=\dfrac{3}{2x^2+1}$　　B. $f(x)=\dfrac{1}{1-x^2}$

C. $f(x)=\sqrt[3]{x^2}$　　D. $f(x)=1-3x^2+2x$

（5）若 $f(x)$ 在 (a,b) 内可导，x_1,x_2 是 (a,b) 内任意两点，且 $x_1<x_2$，则至少存在一点 ξ，使得（　　）.

A. $f(b)-f(a)=f'(\xi)(b-a)$　$(a<\xi<b)$

B. $f(b)-f(x_1)=f'(\xi)(b-x_1)$　$(x_1<\xi<b)$

C. $f(x_2)-f(x_1)=f'(\xi)(x_2-x_1)$　$(x_1<\xi<x_2)$

D. $f(x_2)-f(a)=f'(\xi)(x_2-a)$　$(a<\xi<x_2)$

3. 填空题.

（1）对函数 $f(x)=px^2+qx+r$ 在区间 $[a,b]$ 上应用拉格朗日定理时，所求的拉格朗日定理结论中的 ξ 总是等于________.

（2）若 $f(x)$ 在 $[a,b]$ 上连续，在 (a,b) 内可导，则至少存在一点 $\xi\in(a,b)$，使得 $\mathrm{e}^{f(b)}-\mathrm{e}^{f(a)}=$ ________成立.

（3）设 $f(x)=x(x-1)(x-2)(x-3)$，则 $f'(x)=0$ 有_____个根，它们分别位于区间_______内.

4. 证明题.

（1）当 $0<a<b$，试证：$\dfrac{b-a}{b}<\ln\dfrac{b}{a}<\dfrac{b-a}{a}$.

（2）证明方程 $x^5+x-1=0$ 只有一个正根.

第二节　洛必达法则

【本节知识要点】

1. $\dfrac{0}{0}$ 型和 $\dfrac{\infty}{\infty}$ 型未定式.

定理：设 $f(x),g(x)$ 满足下列条件：

（1）$\lim\limits_{\substack{x\to x_0\\ x\to\infty}} f(x)=0,\ \lim\limits_{\substack{x\to x_0\\ x\to\infty}} g(x)=0$；

（2）在点 x_0 的某去心邻域内可导，且 $g'(x)\neq 0$；

（3）$\lim\limits_{\substack{x\to x_0\\ x\to\infty}} \dfrac{f'(x)}{g'(x)}$ 存在（或无穷大），

则
$$\lim_{\substack{x\to x_0\\ x\to\infty}} \frac{f(x)}{g(x)}=\lim_{\substack{x\to x_0\\ x\to\infty}} \frac{f'(x)}{g'(x)}.$$

2. 其他未定式.

$0\cdot\infty,\infty-\infty,0^0,1^\infty,\infty^0$ 型的未定式均可以转化为 $\dfrac{0}{0}$ 型和 $\dfrac{\infty}{\infty}$ 型未定式.

习题 3-2

1. 判断题.

（1）$\lim\limits_{x\to\infty}\dfrac{x+\sin x}{x-\sin x}=\lim\limits_{x\to\infty}\dfrac{1+\cos x}{1-\cos x}=$（不存在）.　　（　　）

（2）$\lim\limits_{x\to 0}\dfrac{e^x-\cos x}{x^2}=\lim\limits_{x\to 0}\dfrac{e^x+\sin x}{2x}=\lim\limits_{x\to 0}\dfrac{e^x+\cos x}{2}=1$.　　（　　）

2. 填空题.

（1）$\lim\limits_{x\to 0}\dfrac{e^x-e^{-x}}{\sin x}=$____________；

（2）$\lim\limits_{x\to a}\dfrac{\sqrt[3]{x}-\sqrt[3]{a}}{\sqrt{x}-\sqrt{a}}=$____________；

（3）$\lim\limits_{x\to 1}\dfrac{x^3-x^2-x+1}{2x^3-3x^2+1}=$____________；

（4）$\lim\limits_{x\to 0^+}\dfrac{\ln\tan 3x}{\ln\tan 5x}=$____________；

（5）$\lim\limits_{x\to 1}(1-x)\tan\dfrac{\pi x}{2}=$____________；

（6）$\lim\limits_{x\to 0^+}xe^{\frac{1}{x}}=$____________.

3. 计算下列极限.

（1）$\lim\limits_{x\to 0}\dfrac{xe^{\cos x}}{1-\sin x-\cos x}$；

（2）$\lim\limits_{x\to 0}\dfrac{x-\arcsin x}{\sin^3 x}$；

（3）$\lim\limits_{x\to 1}\left(\dfrac{x}{x-1}-\dfrac{1}{\ln x}\right)$；

（4）$\lim\limits_{x\to 0}\left(\dfrac{1}{x}-\dfrac{1}{e^x-1}\right)$.

（5）$\lim\limits_{x\to 0^+}x^{\sin x}$；

（6）$\lim\limits_{x\to 0^+}\left(\dfrac{1}{x}\right)^{\tan x}$.

4. 用洛必达法则证明两个重要极限.

（1）$\lim\limits_{x\to 0}\dfrac{\sin x}{x}=1$；　　（2）$\lim\limits_{x\to 0}(1+x)^{\frac{1}{x}}=\mathrm{e}$.

第三节　函数的单调性

【本节知识要点】

1. 单调性的定义.

设 $f(x)$ 为定义在区间 I 上的一个函数，若对任意的 $x_1, x_2\in I$，且 $x_1<x_2$，有 $f(x_1)<f(x_2)$，则称 $f(x)$ 在区间 I 上单调递增；若 $f(x_1)>f(x_2)$，则称 $f(x)$ 在区间 I 上单调递减. 使函数单调增或单调减的区间称为单调区间.

2. 单调性的判定.

设 $f(x)$ 为定义在区间 I 上并且在区间 I 内每一点都可导的函数，

（1）若对区间 I 内所有 x 都有 $f'(x)>0$，则称 $f(x)$ 在区间 I 上单调递增；

（2）若对区间 I 内所有 x 都有 $f'(x)<0$，则称 $f(x)$ 在区间 I 上单调递减.

3. 若 $f(x)$ 为定义在定义域 S 上的一个函数，求 $f(x)$ 单调区间的步骤如下：

第一步：找出 $f(x)$ 在 S 上的所有驻点和奇点，这些点将定义域 S 分为若干个小区间.

第二步：在每个小区间上判断 $f'(x)$ 的符号，若 $f'(x)>0$，则为增区间，函数单调递增；若 $f'(x)<0$，则为减区间，函数单调递减.

习题 3–3

1. 填空题.

（1）函数 $y=x^3-3x^2-9x+5$ 在区间________内单调减少，在区间________内单调增加.

（2）$y=x+\dfrac{1}{x}$ 在区间________内单调减少，在区间________内单调增加.

（3）函数 $y=\sqrt[3]{x}$ 的单调增区间是__________.

2. 利用函数的单调性证明 $\tan x>x+\dfrac{1}{3}x^3\left(0<x<\dfrac{\pi}{2}\right)$.

3. 求下列函数的单调区间.

（1）$f(x)=x^4-2x^2-3$；

（2）$f(x)=2x^3-3x^2$；

（3）$f(x)=2x^4-36x^2+17$.

第四节　函数的极值

【本节知识要点】

1. 极值的定义.

设函数 $y=f(x)$ 在点 x_0 的某一邻域内有定义，若在该邻域内异于 x_0 的点恒有

（1）若 $f(x_0)>f(x)$，则称 $f(x_0)$ 为函数 $f(x)$ 的极大值，x_0 称为极大值点；

（2）若 $f(x_0)<f(x)$，则称 $f(x_0)$ 为函数 $f(x)$ 的极小值，x_0 称为极小值点.

2. 求极值的方法.

（1）求 $f'(x)=0$ 的根 x_0.

（2）若 $x<x_0$ 时，$f'(x)>0$；$x>x_0$ 时，$f'(x)<0$，则 $f(x)$ 在点 x_0 处取得极大值；

若 $x<x_0$ 时，$f'(x)<0$；$x>x_0$ 时，$f'(x)>0$，则 $f(x)$ 在点 x_0 处取得极小值；

若 $x<x_0$ 时，$f'(x)>0$；$x>x_0$ 时，$f'(x)>0$，则 $f(x)$ 在点 x_0 处无极值；

若 $x<x_0$ 时，$f'(x)<0$；$x>x_0$ 时，$f'(x)<0$，则 $f(x)$ 在点 x_0 处无极值.

3. 注意的问题.

（1）函数 $f(x)$ 的极大值和极小值可以不止一个，即函数的极值不唯一.

（2）函数 $f(x)$ 的极小值可以大于极大值，极大值也可以小于极小值，因此两者之间没有确定的大小关系.

（3）$f(x)$ 的极值是针对局部而言的，而其最大值与最小值是针对整体而言的，即定义域内的最大或最小；函数 $f(x)$ 的极值点一定在区间内部取得，函数的最大最小值不一定都在

区间的内部取得，也有可能在区间的端点处取得．

习题 3–4

1. 判断题．

（1）若函数 $f(x)$ 在点 x_0 的某邻域内处处可导，且 $f'(x_0)=0$，则函数 $f(x)$ 必在 x_0 处取得极值． （　　）

（2）若函数 $f(x)$ 在点 x_0 处取得极值，则曲线 $y=f(x)$ 在点 $(x_0,f(x_0))$ 处必有平行于 x 轴的切线． （　　）

（3）函数 $y=x+\sin x$ 在 $(-\infty,+\infty)$ 内无极值． （　　）

2. 填空题．

（1）设 $f(x)=a\ln x+bx^2+x$ $(a,b$ 为常数$)$ 在 $x_1=1,x_2=2$ 处有极值，则 $a=$________，$b=$________．

（2）函数 $f(x)=\ln(x^2+1)$ 的极值点是________．

（3）当 $x=\pm1$ 时，函数 $y=x^3+3px+q$ 有极值，那么 $p=$________．

（4）函数 $y=\sin\left(x+\dfrac{\pi}{2}\right)+\pi$ 在区间 $[-\pi,\pi]$ 上的极大值点 $x_0=$________．

3. 选择题．

（1）函数 $f(x)$ 的连续但不可导的点（　　）．

A. 一定不是极值点　　B. 一定是极值点

C. 一定不是拐点　　D. 一定不是驻点

（2）设函数 $f(x)$ 满足条件：$f'(x_0)=0$，$f'(x_1)$ 不存在，则（　　）．

A. $x=x_0$ 及 $x=x_1$ 都是极值点　　B. 只有 $x=x_0$ 是极值点

C. 只有 $x=x_1$ 是极值点　　D. $x=x_0$ 与 $x=x_1$ 都有可能不是极值点

（3）当 $x>x_0$ 时，$f'(x)>0$；当 $x<x_0$ 时，$f'(x)<0$，则 x_0 必定是函数 $f(x)$ 的（　　）．

A. 极大值点　　B. 极小值点

C. 驻点　　D. 以上都不对

（4）下列命题为真的是（　　）．

A. 若 x_0 为极值点，则 $f'(x_0)=0$　　B. 若 $f'(x_0)=0$，则 x_0 为极值点

C. 极值点可以是边界点　　D. 若 x_0 为极值点，且存在导数，则 $f'(x_0)=0$

（5）如果 $f(x)$ 在点 x_0 达到极大值，且 $f''(x_0)$ 存在，则 $f''(x_0)$（　　）．

A. $\leqslant 0$　　B. <0　　C. $=0$　　D. >0

4. 求下列函数的极值．

（1）$y=\sqrt[3]{x}\cdot\sqrt[3]{(1-x)^2}$；

（2）$y = x^3 - 3x^2 - 9x + 5$；

（3）$y = (x-5)^2 \sqrt[3]{(x+1)^2}$；

（4）$f(x) = 2x^3 + 3x^2 - 12x + 1$.

5. 已知函数 $f(x) = x^3 - 3ax + b(a > 0)$ 的极大值为 6，极小值为 2.

（1）试确定常数 a, b 的值；

（2）求函数的单调递增区间.

6. 设函数 $y = x^3 + ax^2 + bx + c$ 在 $x = -3$ 处有极大值, 在 $x = 2$ 处有极小值 -10, 求常数 a, b, c.

第五节　最大值与最小值

【本节知识要点】

1. 最值的定义.

设函数 $f(x)$ 的定义域 S 中存在一点 c，使得

（1）如果对任意 $x\in S$ 有 $f(c)\geqslant f(x)$，则称 $f(c)$ 是 $f(x)$ 在 S 上的最大值；

（2）如果对任意 $x\in S$ 有 $f(c)\leqslant f(x)$，则称 $f(c)$ 是 $f(x)$ 在 S 上的最小值；

（3）如果 $f(c)$ 是 $f(x)$ 在 S 上的最大值或最小值，则称 $f(c)$ 是 $f(x)$ 在 S 上的最值.

2. 最大值最小值存在定理.

如果 $f(x)$ 是定义在闭区间 $[a,b]$ 上的连续函数，那么 $f(x)$ 在该区间上存在最大值和最小值.

3. 设 $f(x)$ 为定义在区间 I 上的一个函数，$c\in I$，若 $f(c)$ 为最值，那么 c 一定是下列三种情况之一.

（1）I 的一个端点；

（2）使 $f'(c)=0$ 的点，称 c 为 $f(x)$ 的一个驻点；

（3）使 $f'(c)$ 不存在的点，称 c 为 $f(x)$ 的一个奇点.

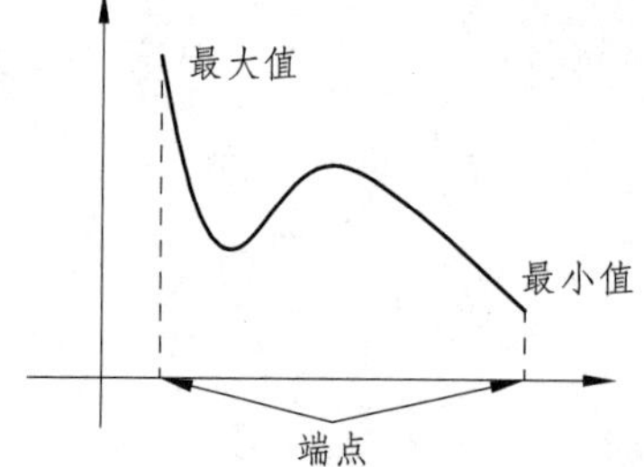

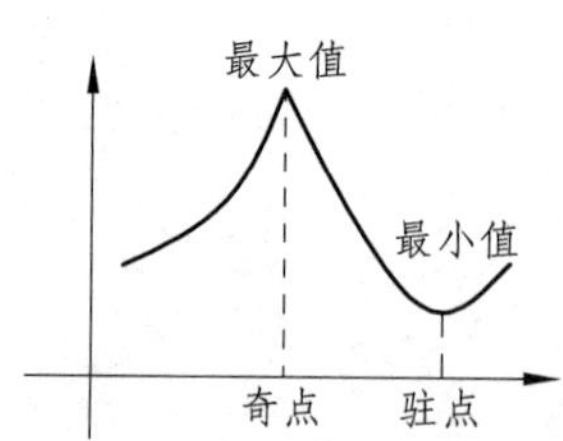

4. 若 $f(x)$ 为定义在闭区间 I 上的一个函数，求 $f(x)$ 最大值与最小值的步骤如下：

第一步：找出 $f(x)$ 在闭区间 I 上的端点、驻点以及奇点.

第二步：求出 $f(x)$ 在这些点上的值. 这些值中最大的就是最大值，最小的就是最小值.

5. 最值的应用问题解法.

函数有实际意义，在区间内极值总是唯一存在的，因此极值与最值相同.

习题 3–5

1. 填空题.

（1）函数 $f(x)=x+2\cos x$ 在 $\left[0,\dfrac{\pi}{2}\right]$ 上的最大值为________，最小值为________.

（2）函数 $y=x^4-8x^2+2\ (-1\leqslant x\leqslant 3)$ 在 $x=$__________处取得最大值__________，在 $x=$__________处取得最小值________.

2. 选择题.

（1）$y=x^{\frac{2}{3}}$ 在 $[-1,2]$ 上没有（　　）.

A. 极大值　　B. 极小值

C. 最大值　　D. 最小值

（2）函数 $y=\frac{1}{x}$ 在 $(0,1)$ 内的最小值是（　　）.

A. 0　　B. 1

C. 任何小于 1 的数　　D. 不存在

（3）函数 $y=x^2+1$ 在区间 $(-1,1)$ 上的最大值是（　　）.

A. 0　　B. 1　　C. 2　　D. 不存在

3. 求出下列函数在给定区间内的最值.

（1）$f(x)=x^3,\ I=[-2,2]$；

（2）$f(x)=x^2+4x+4,\ I=[-4,4]$；

（3）$f(x)=-2x^3+3x^2,\ I=\left[-\frac{1}{2},2\right]$；

（4）$f(x)=x^{\frac{2}{3}},\ I=[-1,2]$；

（5）$f(x)=x+2\cos x,\ I=\left[-\pi,2\pi\right]$；

（6）$f(x)=x^3-3x+2,\ I=[-2,3]$.

4. 若直角三角形的一条直角边与斜边之和为常数，求有最大面积的直角三角形.

5. 某地区防空洞的截面面积拟建成矩形加半圆（见下图），截面的面积为 5 m^2，问底、宽为多少时才能使截面的周长最小，从而使建造时所用的材料最省？

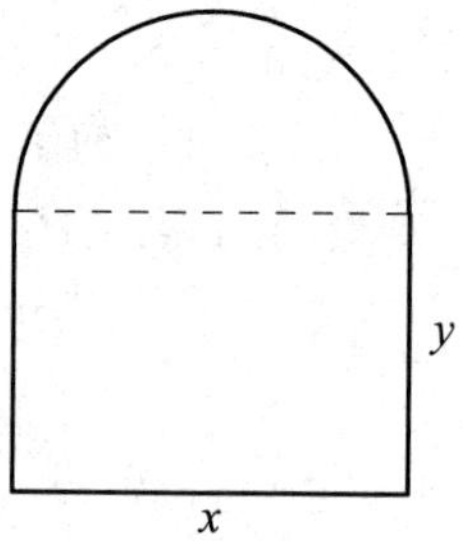

6. 设有甲、乙两城. 甲城位于一直线形的河岸上，乙城离河岸 40 km，且到河岸的垂足与甲城相距 50 km. 两城拟于此河边合建一水厂，从水厂到甲城和乙城之水管费用分别为每千米 500 元和 700 元. 为使水管费用最省，问水厂应建于何处?

7. 函数 $y=2x^3-6x^2+m$ 在区间 $[-2,2]$ 上有最大值 3，求它的最小值.

第六节　函数的凹凸性

【本节知识要点】

1. 凹凸性的定义.

设 $f(x)$ 为定义在开区间 I 内的可导函数，若 $f'(x)$ 在 I 内单调递增，则称 $f(x)$ 在 I 内为凹的；若 $f'(x)$ 在 I 内单调递减，则称 $f(x)$ 在 I 内为凸的. 函数 $f(x)$ 凹、凸性的分界点称为曲线的拐点.

2. 凹凸性判定定理.

设 $f(x)$ 在开区间 I 内存在二阶导数，

（1）若对区间 I 内所有 x，都有 $f''(x)>0$，则称 $f(x)$ 在区间 I 为凹的；

（2）若对区间 I 内所有 x，都有 $f''(x)<0$，则称 $f(x)$ 在区间 I 为凸的.

由定理可知，求 $f(x)$ 的凹凸区间和拐点的步骤如下：

第一步：找出 $f(x)$ 在定义域上 $f''(x)=0$ 以及 $f''(x)$ 不存在的点.

第二步：用这些点将定义域分成若干小区间，判断 $f''(x)$ 在这些小区间内的符号.

第三步：写出 $f(x)$ 的凹凸区间，判断 $f''(x)=0$ 以及 $f''(x)$ 不存在的点是否为拐点.

习题 3–6

1. 判断题.

（1）若函数 $f(x)$ 在 (a,b) 内具有二阶导数，且 $f'(x)<0,\ f''(x)>0$，则曲线 $y=f(x)$ 在 (a,b) 内单调减少且向上凹.　　（　　）

2. 填空题.

（1）曲线 $f(x)=x^3-x$ 的拐点是__________.

（2）曲线 $f(x)=\ln x$ 的凸区间是__________.

（3）曲线 $y=xe^{-x}$ 的凸区间是________，凹区间是________.

（4）若曲线 $y=(ax-b)^3$ 在 $(1,(a-b)^3)$ 处有拐点，则 a 与 b 应满足关系________.

3. 选择题.

（1）若 $f(x)$ 二阶可导，且 $f(x)=-f(-x)$，又 $x\in(0,+\infty)$ 时，$f'(x)>0$，$f''(x)>0$，则在 $(-\infty,0)$ 内曲线 $y=f(x)$（　　）.

A. 单调下降，曲线是凸的　　B. 单调下降，曲线是凹的

C. 单调上升，曲线是凸的　　D. 单调上升，曲线是凹的

（2）条件 $f''(x_0)=0$ 是 $f(x)$ 的图形在点 $x=x_0$ 处有拐点的（　　）条件.

A. 必要条件　　B. 充分条件

C. 充分必要条件　　D. 以上都不是

（3）曲线 $y=(x-1)^2(x-3)^2$ 的拐点个数为（　　）.

A. 0　　B. 1　　C. 2　　D. 3

4. 求曲线 $y=\sqrt[3]{(x-2)^5}-\dfrac{5}{9}x^2$ 的凸区间、凹区间以及拐点.

5. 求曲线 $\begin{cases} x = t^2 \\ y = 3t + t^3 \end{cases}$，$t \in [0, +\infty)$ 的凸区间、凹区间以及拐点.

6. 利用函数的凹凸性证明 $x\ln x + y\ln y > (x+y)\ln\left(\dfrac{x+y}{2}\right)$ $(x>0, y>0, x \neq y)$.

第七节　曲　率

【本节知识要点】

1. 弧微分公式：$ds = \sqrt{1+y'^2}\,dx$.

2. 曲率：$K = \dfrac{|y''|}{(1+y'^2)^{3/2}}$.

3. 若曲线由参数方程 $\begin{cases} x = \varphi(t) \\ y = \psi(t) \end{cases}$ 给出，则 $K = \dfrac{|\varphi'(t)\psi''(t) - \varphi''(t)\psi'(t)|}{[\varphi'^2(t) + \psi'^2(t)]^{3/2}}$.

4. 曲线在点 M 处的曲率 $K(K \neq 0)$ 与曲线在点 M 处的曲率半径 ρ 有如下关系：

$$\rho = \frac{1}{K},\ K = \frac{1}{\rho}$$

习题 3–7

1. 填空题.

（1）抛物线 $y = x^2 - x$ 在点 $(1,0)$ 处的曲率 $K =$ ________，曲率半径 $\rho =$ __________.

（2）曲线 $x=4\sin t$， $y=2\cos t$ 在点 $x=2$ 处的曲率 $K=$______，曲率半径 $\rho=$______.

2. 选择题.

椭圆 $\dfrac{x^2}{a^2}+\dfrac{y^2}{b^2}=1\ (a>b>0)$ 在长轴端点 $(a,0)$ 的曲率 $K=$（　　）.

A. 0　　　B. $\dfrac{a}{b^2}$　　　C. $\dfrac{b}{a^2}$　　　D. 不存在

3. 计算 $y=\sin x$ 在点 $\left(\dfrac{\pi}{2},1\right)$ 处的曲率和曲率半径.

4. 求曲线 $y=\ln x$ 上曲率最大的点及该点处的曲率半径.

第八节　函数图形的描绘

【本节知识要点】

1. 渐近线的定义.

如果曲线上一点沿着曲线趋向无穷远时，该点与某条直线的距离趋近于零，则称该直线为曲线的渐近线.

2. 垂直渐近线.

如果 $\lim\limits_{x\to x_0}f(x)=\infty$（或 $\lim\limits_{x\to x_0^+}f(x)=\infty$ 或 $\lim\limits_{x\to x_0^-}f(x)=\infty$），则称直线 $x=x_0$ 为 $f(x)$ 的垂直渐近线.

3. 水平渐近线.

如果 $\lim\limits_{x\to\infty}f(x)=A$（或 $\lim\limits_{x\to+\infty}f(x)=A$ 或 $\lim\limits_{x\to-\infty}f(x)=A$），则称直线 $y=A$ 为 $f(x)$ 的水平渐近线.

4. 函数图形的描绘.

描绘步骤：

（1）确定函数的定义域，讨论其对称性及周期性；

（2）确定函数的单调性、极值点和极值；

（3）确定函数的凹凸性和拐点；

（4）确定函数的渐近线；

（5）确定函数与坐标轴的交点；

（6）作图描绘.

习题 3–8

1. 作出函数 $y=\dfrac{6}{x^2-2x+4}$ 的图形.

2. 作出函数 $y=2x^3-3x^2$ 的图形.

复习题三

一、选择题.

1. 设有一根长为 l 的铁丝，将其分为两断，分别构成圆形和正方形. 若记圆形面积为 S_1，正方形面积为 S_2，当 S_1+S_2 最小时，$\dfrac{S_1}{S_2}=$（　　）.

A. $\dfrac{1}{4}$　　B. 4　　C. $\dfrac{\pi}{4}$　　D. $\dfrac{4}{\pi}$

2. 设函数 $f(x)$ 在 $(-\infty,+\infty)$ 内连续，其导数的图形如图所示，则 $f(x)$ 有（　　）.

A. 一个极小值点和两个极大值点

B. 两个极小值点和一个极大值点

C. 两个极小值点和两个极大值点

D. 三个极小值点和一个极大值点

3. 函数 $f(x)=x-\ln(1+x^2)$ 在定义域内（　　）.

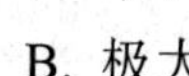

A. 无极值　　B. 极大值为 $1-\ln 2$

C. 极小值为 $1-\ln 2$　　D. $f(x)$ 为非单调函数

4. 若函数 $y=2+x-x^2$ 的极大值点是 $x=\frac{1}{2}$，则函数 $y=\sqrt{2+x-x^2}$ 的极大值是（　　）.

A. $\frac{1}{\sqrt{2}}$　　B. $\frac{81}{16}$　　C. $\frac{9}{4}$　　D. $\frac{3}{2}$

5. 曲线 $y=x^3-12x+1$ 在区间 $(0,2)$ 内（　　）.

A. 凹且单调增加　　B. 凹且单调减少

C. 凸且单调增加　　D. 凸且单调减少

6. 下列函数在给定区间上不满足拉格朗日定理条件的有（　　）.

A. $f(x)=\frac{2x}{1+x^2},[-1,1]$　　B. $f(x)=|x|,[-1,2]$

C. $f(x)=4x^3-5x^2+x-2,[0,1]$　　D. $f(x)=\ln(1+x^2),[0,3]$

7. 设 $f(x),g(x)$ 是恒大于零的可导函数，且 $f'(x)g(x)-f(x)g'(x)<0$，则当 $a<x<b$ 时，有（　　）.

A. $f(x)g(b)>f(b)g(x)$　　B. $f(x)g(a)>f(a)g(x)$

C. $f(x)g(x)>f(b)g(b)$　　D. $f(x)g(x)>f(a)g(a)$

二、填空题.

1. 函数 $y=2x^2-\ln x$ 在区间________内单调减少，在区间________内单调增加.

2. 函数 $y=\sqrt[3]{6x^2-x^3}$ 在区间________内单调减少，在区间________内单调增加.

3. 当 $a=$________时，函数 $f(x)=a\sin x+\frac{1}{3}\sin 3x$ 在 $x=\frac{\pi}{3}$ 处取得极________值时，其极________值为________.

4. 若曲线 $y=ax^3+bx^2+cx+d$ 在 $x=0$ 处取得极值 $y=0$，$(1,1)$ 点是拐点，则 $a=$________，$b=$________，$c=$________，$d=$________.

5. 当 a________,b________，c________时，点 $(0,1)$ 为曲线 $y=ax^3+bx^2+c$ 的拐点.

6. 曲线 $x^2+xy+y^2=3$ 在点 $(1,1)$ 的曲率为________.

三、求出下列函数在给定区间内的最值.

1. $f(x)=2x^3+3x^2-12x, I=[-3,2]$.

2. $f(x)=2x^3-15x^2+36x-24, x\in[1,4]$.

3. $f(x)=x^5-5x^4+5x^3+1, x\in[-1,2]$.

四、求下列函数的极值.

1. $f(x)=x^3(x-10)^2$.

2. $f(x)=x(2-x)^2$.

3. $f(x)=x^3+3x^2-24x+12$.

五、求曲线 $y=1-\mathrm{e}^{-x^2}$ 的凸区间、凹区间以及拐点.

六、证明：$\arcsin x+\arccos x=\dfrac{\pi}{2}$.

七、计算下列极限.

1. $\lim\limits_{x\to 1}(1-x)\cdot\tan\dfrac{\pi x}{2}$；

2. $\lim\limits_{x\to 0^+}(\cot x)^{\frac{1}{\ln x}}$.

八、如图，宽为 a 的走廊与另一走廊垂直相连，如果长为 $8a$ 的细杆能水平地通过拐角，问另一走廊的宽度至少是多少?

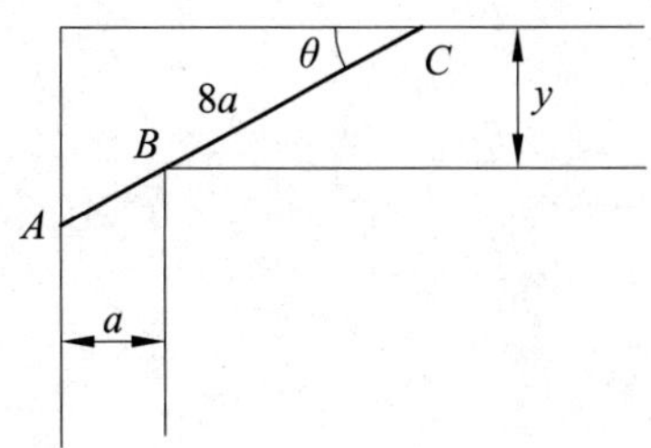

九、要靠墙建造 6 间猪圈（见下图），若新砌墙的总长度为 36 m，求每间猪圈的最大面积.

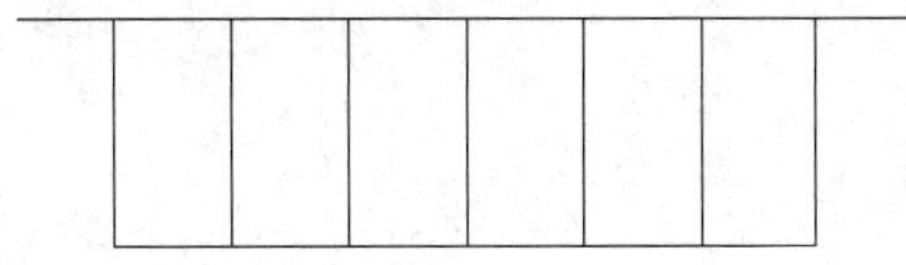

第四章　不定积分

【本章知识结构图】

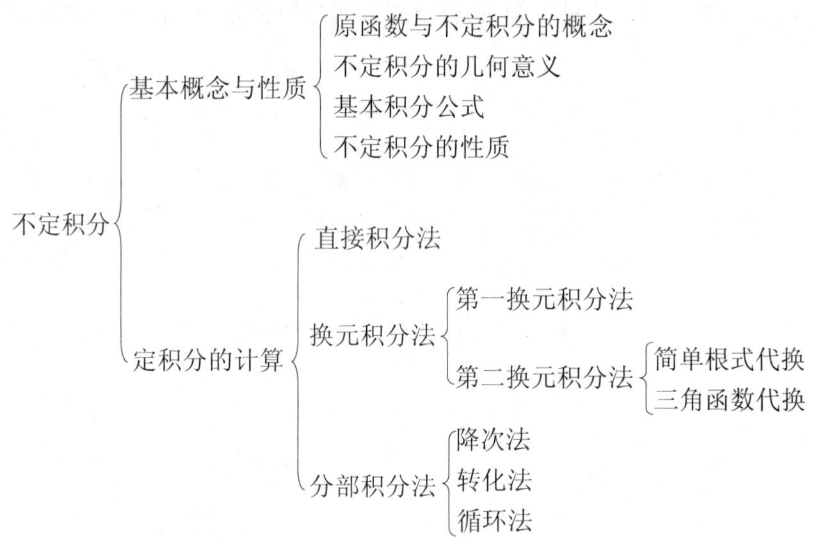

第一节　不定积分概念与性质

【本节知识要点】

1. 基本概念.

名称	定义
原函数	如果在区间 I 上，可导函数 $F(x)$ 的导函数为 $f(x)$，即对任意的 $x\in I$，都有 $$F'(x)=f(x)\ （或\ \mathrm{d}F(x)=f(x)\mathrm{d}x\ ）$$ 则称 $F(x)$ 为 $f(x)$ 在区间 I 上的一个原函数
不定积分	若 $F(x)$ 为 $f(x)$ 在区间 I 上的一个原函数，则 $F(x)+C$（C 取任意常数）称为 $f(x)$ 在区间 I 上的不定积分，记为：$\int f(x)\mathrm{d}x$，即 $$\int f(x)\mathrm{d}x=F(x)+C$$ 其中符号 $\int$ 称为积分号，$f(x)$ 称为被积函数，$f(x)\mathrm{d}x$ 称为被积表达式（或被积分式），x 称为积分变量，C 为积分常数

2. 基本积分表.

（1）$\int k\mathrm{d}x = kx + C$（$k$ 为常数）;

（2）$\int x^{\alpha}\mathrm{d}x = \dfrac{1}{\alpha+1}x^{\alpha+1} + C(\alpha \neq -1)$；

（3）$\int \dfrac{1}{x}\mathrm{d}x = \ln|x| + C$；

（4）$\int \mathrm{e}^{x}\mathrm{d}x = \mathrm{e}^{x} + C$；

（5）$\int a^{x}\mathrm{d}x = \dfrac{a^{x}}{\ln a} + C$；

（6）$\int \cos\mathrm{d}x = \sin x + C$；

（7）$\int \sin x\mathrm{d}x = -\cos x + C$；

（8）$\int \sec^{2} x\mathrm{d}x = \tan x + C$；

（9）$\int \csc^{2} x\mathrm{d}x = -\cot x + C$；

（10）$\int \sec x\tan x\mathrm{d}x = \sec x + C$；

（11）$\int \csc x\cot x\mathrm{d}x = -\csc x + C$；

（12）$\int \dfrac{1}{\sqrt{1-x^{2}}}\mathrm{d}x = \arcsin x + C = -\arccos x + C$；

（13）$\int \dfrac{1}{1+x^{2}}\mathrm{d}x = \arctan x + C = -\mathrm{arccot}\, x + C$

3. 不定积分的运算性质.

线性性	可加性	$\int [f(x) \pm g(x)]\mathrm{d}x = \int f(x)\mathrm{d}x \pm \int g(x)\mathrm{d}x$
	数乘性	$\int kf(x)\mathrm{d}x = k\int f(x)\mathrm{d}x$ (k 为常数，$k \neq 0$)
可微性		$\left[\int f(x)\mathrm{d}x\right]' = f(x)$ 或 $\mathrm{d}\int f(x)\mathrm{d}x = f(x)\mathrm{d}x$ $\int f'(x)\mathrm{d}x = f(x) + C$ 或 $\int \mathrm{d}f(x) = f(x) + C$

习题 4–1

1. 填空题.

（1）已知 $\int f(x)x\mathrm{d}x = 3x^{4} + C$，则 $f(x) =$ ____________.

（2）已知 $f(x)$ 的一个原函数为 $2^{x} + \sin x$，则 $f'(x) =$ ____________.

（3）$\int \mathrm{d}(\arctan x) =$ ____________.

（4）$\mathrm{d}\left(\int \dfrac{1}{\sqrt{x-1}}\mathrm{d}x\right) =$ ____________.

（5）$\left(\int \mathrm{e}^{5x}\mathrm{d}x\right)'$ ____________.

2. 计算下列不定积分.

（1）$\int 5x^3\mathrm{d}x$；

（2）$\int \frac{\mathrm{d}h}{gh}$；

（3）$\int \sqrt[m]{y^n}\mathrm{d}y$；

（4）$\int \frac{3\cdot 2^t-3^t}{5^t}\mathrm{d}t$；

（5）$\int 4^x\mathrm{e}^x\mathrm{d}x$；

（6）$\int (x^3+\mathrm{e}^x)\mathrm{d}x$；

（7）$\int \left(\frac{2}{\sqrt{x}}-\frac{x\sqrt{x}}{2}\right)\mathrm{d}x$；

（8）$\int (\sqrt{x}-1)^2\mathrm{d}x$；

（9）$\int \left(\frac{3}{\sqrt{1-x^2}}-\frac{4}{1+x^2}\right)\mathrm{d}x$；

（10）$\int \frac{x^2+7x+12}{x+4}\mathrm{d}x$；

（11）$\int \frac{1-\mathrm{e}^{2x}}{1+\mathrm{e}^x}\mathrm{d}x$；

（12）$\int \frac{x^4+x^2+2}{1+x^2}\mathrm{d}x$；

（13）$\int \sec x(\sec x+\tan x)\mathrm{d}x$；　　　　（14）$\int \frac{\mathrm{d}x}{1+\cos 2x}$；

（15）$\int \frac{\cos 2x}{\cos^2 x\sin^2 x}\mathrm{d}x$.

3. 解答下列问题：

（1）验证 $F(x)=x(\ln x-1)$ 是 $f(x)=\ln x$ 的一个原函数.

（2）一曲线通过点 $(\mathrm{e}^2,3)$，且在任一点处的切线斜率等于该点的横坐标的倒数，求该曲线的方程.

（3）一个物体以加速度 $a=12t^2-3\sin t$ 作直线运动，当 $t=0$ 时，$v_0=5,\ s_0=-3$，求：

① 该物体的速度函数；

② 该物体的位移函数.

第二节　不定积分的换元积分法

【本节知识要点】

1. 基本概念.

名称	定义
换元积分法	将复合函数的微分法反过来用于求不定积分，通过适当的变量代换，把某些不定积分化为可利用基本积分公式计算的形式，进一步求出函数的不定积分，该方法称为换元积分法
第一换元积分法	设 $f(u)$ 有原函数 $F(u)$，且 $u=\phi(x)$ 可导，则有换元积分公式 $$\int f[\phi(x)]\phi'(x)\mathrm{d}x=\left[\int f(u)\mathrm{d}u\right]_{u=\phi(x)}=F(u)+C=F[\phi(x)]+C$$
第二换元积分法	设 $x=\psi(t)$ 为单调、可导的函数，且 $\psi'(t)\neq 0$. 又设 $f[\psi(t)]\psi'(t)$ 具有原函数 $F(t)$，则有换元积分公式 $$\int f(x)\mathrm{d}x=\int f[\psi(t)]\psi'(t)\mathrm{d}t=F(t)+C=F[\psi^{-1}(x)]+C$$ 其中 $t=\psi^{-1}(x)$ 是 $x=\psi(t)$ 的反函数

2. 常用凑微分形式.

（1）$\mathrm{d}x=\dfrac{1}{a}\mathrm{d}(ax+b)$；　（2）$x\mathrm{d}x=\dfrac{1}{2}\mathrm{d}x^2$；　（3）$\dfrac{1}{\sqrt{x}}\mathrm{d}x=2\mathrm{d}\sqrt{x}$；

（4）$\dfrac{1}{x^2}\mathrm{d}x=-\mathrm{d}\left(\dfrac{1}{x}\right)$；　（5）$\mathrm{e}^x\mathrm{d}x=\mathrm{d}\mathrm{e}^x$；　（6）$\dfrac{1}{x}\mathrm{d}x=\mathrm{d}\ln|x|$；

（7）$\sin x\mathrm{d}x=-\mathrm{d}(\cos x)$；　（8）$\cos x\mathrm{d}x=\mathrm{d}(\sin x)$；　（9）$\sec^2 x\mathrm{d}x=\mathrm{d}(\tan x)$；

（10）$\csc^2 x\mathrm{d}x=-\mathrm{d}(\cot x)$；　（11）$\dfrac{1}{\sqrt{1-x^2}}\mathrm{d}x=\mathrm{d}(\arcsin x)=-\mathrm{d}(\arccos x)$；

（12）$\dfrac{1}{1+x^2}\mathrm{d}x=\mathrm{d}(\arctan x)=-\mathrm{d}(\mathrm{arccot}\, x)$

3. 几种常用的变量代换.

简单根式代换		当被积函数中含有 $\sqrt[n]{ax+b}$ 时，令 $\sqrt[n]{ax+b}=t$
三角函数代换	$\sqrt{a^2-x^2}$	$x=a\sin t$(或$a\cos t$)
	$\sqrt{a^2+x^2}$	$x=a\tan t$(或$a\cot t$)
	$\sqrt{x^2-a^2}$	$x=a\sec t$(或$a\csc t$)

4. 常用积分表.

(1) $\int \frac{1}{a^2+x^2}\mathrm{d}x=\frac{1}{a}\arctan\frac{x}{a}+C$；

(2) $\int \frac{1}{\sqrt{a^2-x^2}}\mathrm{d}x=\arcsin\frac{x}{a}+C$；

(3) $\int \frac{1}{x^2-a^2}\mathrm{d}x=\frac{1}{2a}\ln\left|\frac{x-a}{x+a}\right|+C$；

(4) $\int \tan x\mathrm{d}x=\ln|\sec x|+C$；

(5) $\int \cot x\mathrm{d}x=\ln|\sin x|+C$；

(6) $\int \csc x\mathrm{d}x=\ln|\csc x-\cot x|+C$；

(7) $\int \sec x\mathrm{d}x=\ln|\sec x+\tan x|+C$；

(8) $\int \sqrt{a^2-x^2}\mathrm{d}x=\frac{a^2}{2}\arcsin\frac{x}{a}+\frac{x}{2}\sqrt{a^2-x^2}+C$；

(9) $\int \frac{\mathrm{d}x}{\sqrt{a^2+x^2}}=\ln\left|\frac{\sqrt{a^2+x^2}}{a}+\frac{x}{a}\right|+C_1=\ln(x+\sqrt{a^2+x^2})+C$；

(10) $\int \frac{\mathrm{d}x}{\sqrt{x^2-a^2}}=\ln\left|\frac{x}{a}+\frac{\sqrt{x^2-a^2}}{a}\right|+C_1=\ln(x+\sqrt{x^2-a^2})+C$

习题 4-2

1. 在下列各式等号右端的空白处填入适当的系数，使得等式成立.

(1) $\mathrm{d}x=$____$\mathrm{d}(-2x-3)$；

(2) $x\mathrm{d}x=$____$\mathrm{d}(1-3x^2)$；

(3) $\frac{1}{\sqrt{t}}\mathrm{d}t=$____$\mathrm{d}\sqrt{t}$；

(4) $\mathrm{e}^{3x}\mathrm{d}x=$____$\mathrm{d}(\mathrm{e}^{3x})$；

(5) $\frac{1}{x}\mathrm{d}x=$____$\mathrm{d}(5\ln|x|)$；

(6) $\cos 2x\mathrm{d}x=$____$\mathrm{d}(\sin 2x)$；

(7) $\frac{2x}{\sqrt{1+x^2}}\mathrm{d}x=$____$\mathrm{d}(\sqrt{1+x^2})$；

(8) $\frac{x}{\sqrt{1-x^2}}\mathrm{d}x=$____$\mathrm{d}(\sqrt{1-x^2})$；

(9) $\frac{1}{1+4x^2}\mathrm{d}x=$____$\mathrm{d}(\arctan 2x)$；

(10) $\frac{1}{\sqrt{1-x^2}}\mathrm{d}x=$____$\mathrm{d}(2-\arcsin x)$；

(11) $\sec^2 3x\mathrm{d}x=$____$\mathrm{d}(\tan 3x)$；

(12) $\csc^2 2x\mathrm{d}x=$____$\mathrm{d}(3-\cot 2x)$.

2. 求下列不定积分.

(1) $\int (2x+3)^4\mathrm{d}x$；

(2) $\int \mathrm{e}^{-2x}\mathrm{d}x$；

(3) $\int \frac{\mathrm{d}x}{\sqrt{1+x}}$；

(4) $\int \cos(3x+2)\mathrm{d}x$；

（5）$\int \frac{dx}{5x-1}$；

（6）$\int \frac{dx}{\sin^2(2x-1)}$；

（7）$\int x(x^2+1)^3 dx$；

（8）$\int \frac{\cos(1+\sqrt{t})}{\sqrt{t}} dt$；

（9）$\int \frac{e^{\frac{1}{x}}}{x^2} dx$；

（10）$\int \frac{e^x}{e^x+1} dx$；

（11）$\int \frac{1+2\ln x}{x} dx$；

（12）$\int e^{\sin x} \cos x dx$；

（13）$\int \cot^2 2x dx$；

（14）$\int \sec^3 x \tan x dx$；

（15）$\int \cos^3 x dx$；

（16）$\int \frac{dx}{9+x^2}$；

（17）$\int \frac{dx}{(x+1)(x+2)}$；

（18）$\int \frac{\sin x \cos x}{\sqrt{1-\sin^4 x}} dx$；

（19）$\int \frac{dx}{\sqrt{x(2-x)}}$；

（20）$\int \sin 2x \cos 3x dx$；

（21）$\int x(x+2)^{10}\mathrm{d}x$；

（22）$\int \sin^4 x\mathrm{d}x$；

（23）$\int \frac{\mathrm{d}x}{\sqrt{x+1}+\sqrt{x-1}}$；

（24）$\int \frac{\mathrm{d}x}{x(4-\ln^2 x)}$.

3. 求下列不定积分.

（1）$\int \frac{\mathrm{d}x}{1+\sqrt{2x}}$；

（2）$\int \frac{\sqrt{t}}{1+t}\mathrm{d}t$；

（3）$\int x\sqrt{2-5x}\mathrm{d}x$；

（4）$\int \frac{\mathrm{d}x}{\sqrt{1+\mathrm{e}^x}}$；

（5）$\int \frac{\mathrm{d}x}{1+\sqrt[3]{1+x}}$；

（6）$\int \frac{\arctan\sqrt{x}}{\sqrt{x}(1+x)}\mathrm{d}x$；

（7）$\int \frac{\sqrt{\ln x+1}}{x}\mathrm{d}x$；

（8）$\int \frac{\mathrm{d}x}{\sqrt{x}+\sqrt[3]{x^2}}$；

（9）$\int \sqrt{1-\mathrm{e}^{2x}}\mathrm{d}x$.

4. 求下列不定积分.

（1）$\int \frac{\mathrm{d}x}{x\sqrt{x^2-1}}$；

（2）$\int \frac{\arcsin 2x}{\sqrt{1-4x^2}}\mathrm{d}x$；

（3）$\int \frac{\sqrt{x^2-4}}{x}\mathrm{d}x$；

（4）$\int \frac{\mathrm{d}x}{\sqrt{(x^2+1)^3}}$；

（5）$\int \frac{\mathrm{d}x}{x^2\sqrt{1-x^2}}$；

（6）$\int t\sqrt{25-t^2}\mathrm{d}t$；

（7）$\int \frac{x^3}{\sqrt{1+x^2}}\mathrm{d}x$；

（8）$\int \frac{\mathrm{d}x}{x\sqrt{x^2+4}}$；

（9）$\int \frac{x}{\sqrt{x^2+2x+2}}\mathrm{d}x$；

（10）$\int \frac{\mathrm{d}x}{\sqrt{4x^2-9}}$；

（11）$\int \frac{\mathrm{d}x}{\sqrt{5-4x+x^2}}$；

（12）$\int \frac{\mathrm{d}x}{\sqrt{x-x^2}}$.

第三节 不定积分的分部积分法

【本节知识要点】

1. 基本概念.

名称	定义
分部积分法	设 $u=u(x),v=v(x)$ 具有连续导数，则有分部积分公式： $\int u\mathrm{d}v=uv-\int v\mathrm{d}u$ 或 $\int uv'\mathrm{d}x=uv-\int u'v\mathrm{d}x$

2. 常见的分部积分类型.

<table>
<tr><th colspan="2">类型</th><th>$u(x)$</th><th>$\mathrm{d}v(x)$</th></tr>
<tr><td rowspan="2">被积函数为多项式与指数函数或三角函数的乘积</td><td>$\int P_n(x)\mathrm{e}^{ax+b}\mathrm{d}x$</td><td rowspan="2">$P_n(x)=u(x)$</td><td>$\mathrm{e}^{ax+b}\mathrm{d}x=\mathrm{d}v(x)$</td></tr>
<tr><td>$\int P_n(x)\sin(ax+b)\mathrm{d}x$
$\int P_n(x)\cos(ax+b)\mathrm{d}x$</td><td>$\sin(ax+b)\mathrm{d}x=\mathrm{d}v(x)$
$\cos(ax+b)\mathrm{d}x=\mathrm{d}v(x)$</td></tr>
<tr><td rowspan="2">被积函数为多项式与对数函数或反三角函数的乘积</td><td>$\int P_n(x)\ln(ax+b)\mathrm{d}x$</td><td>$\ln(ax+b)=u(x)$</td><td rowspan="2">$P_n(x)\mathrm{d}x=\mathrm{d}v(x)$</td></tr>
<tr><td>$\int P_n(x)\arcsin(ax+b)\mathrm{d}x$
$\int P_n(x)\arccos(ax+b)\mathrm{d}x$
$\int P_n(x)\arctan(ax+b)\mathrm{d}x$
$\int P_n(x)\mathrm{arccot}(ax+b)\mathrm{d}x$</td><td>$\arcsin(ax+b)=u(x)$
$\arccos(ax+b)=u(x)$
$\arctan(ax+b)=u(x)$
$\mathrm{arccot}(ax+b)=u(x)$</td></tr>
<tr><td>被积函数是指数函数和三角函数的乘积</td><td>$\int \mathrm{e}^{kx+l}\sin(ax+b)\mathrm{d}x$
$\int \mathrm{e}^{kx+l}\cos(ax+b)\mathrm{d}x$</td><td colspan="2">$u(x),\mathrm{d}v(x)$ 的选择随意</td></tr>
</table>

3. 常见的分部积分方法.

方法	定义
降次法	当被积函数为多项式与指数函数或三角函数的乘积时，选取多项式为 u，指数函数或三角函数为 v'，将 v' 与 $\mathrm{d}x$ 凑成 $v'\mathrm{d}x=\mathrm{d}v$，通过一次分部积分后，多项式将降低一次，经过多次分部积分，最终转化为易于计算的被积函数仅是指数函数或三角函数的不定积分，该方法称为降次法
转化法	当被积函数为多项式与对数函数或反三角函数的乘积时，选取对数函数或反三角函数为 u，多项式为 v'，将 v' 与 $\mathrm{d}x$ 凑成 $v'\mathrm{d}x=\mathrm{d}v$，通过一次分部积分后，对数函数或反三角函数经过微分后变成其他函数，继而转化为易于计算的不定积分，该方法称为转化法
循环法	当被积函数是指数函数和三角函数的乘积，利用分部积分公式时，可以任意选取 u 及相应的 $\mathrm{d}v$. 但一经选定，在后面的计算过程中要始终选择同类型的 u，如解法一中两次分部积分都选择三角函数作为 u，解法二中两次分部积分都选择指数函数作为 u. 继而产生循环现象，此时只要把等式看成以原积分为未知量的方程，即可解出不定积分的值. 该方法称为循环法

习题 4-3

1. 求下列不定积分.

（1）$\int (x+1)\sin x\mathrm{d}x$；

（2）$\int x^2\mathrm{e}^x\mathrm{d}x$；

（3）$\int \frac{\ln t}{t^2}\mathrm{d}t$；

（4）$\int \operatorname{arc}\cot x\mathrm{d}x$；

（5）$\int \frac{x}{\cos^2 x}\mathrm{d}x$；

（6）$\int \mathrm{e}^{-x}\cos 3x\mathrm{d}x$；

（7）$\int \ln(1+x^2)\mathrm{d}x$；

（8）$\int \frac{\arctan x}{x^2}\mathrm{d}x$；

（9）$\int \mathrm{e}^{\sqrt{x+1}}\mathrm{d}x$；

（10）$\int \frac{x\operatorname{arccot}x}{\sqrt{1+x^2}}\mathrm{d}x$；

（11）$\int \frac{\ln x}{\sqrt{1+x}}\mathrm{d}x$；　　　　（12）$\int \cos^2 \sqrt{x}\mathrm{d}x$.

2. 设 $f(x)$ 的一个原函数是 $\frac{\tan x}{x}$，求 $\int xf'(x)\mathrm{d}x$.

3. 设 $f(x)$ 的一个原函数是 $\frac{\sin x}{1-\cos x}$，求 $\int f(x)f'(x)\mathrm{d}x$.

复习题四

一、选择题.

1. 函数 $\sin\frac{\pi}{2}x$ 的一个原函数为（　　）.

A. $\frac{2}{\pi}\cos\frac{\pi}{2}x$　　　　B. $\frac{\pi}{2}\cos\frac{\pi}{2}x$

C. $-\frac{2}{\pi}\cos\frac{\pi}{2}x$　　　　D. $-\frac{\pi}{2}\cos\frac{\pi}{2}x$

2. 若 $\int f(x)\mathrm{d}x = F(x)+C$. 则 $\int \mathrm{e}^{-x}f(\mathrm{e}^{-x})\mathrm{d}x$ =（　　）.

A. $F(\mathrm{e}^{x})+C$　　　　B. $-F(\mathrm{e}^{-x})+C$

C. $F(\mathrm{e}^{-x})+C$　　　　D. $\frac{F(\mathrm{e}^{-x})}{x}+C$

3. 若函数 $f(x)$ 的导数是 $\sin x$，则 $f(x)$ 的一个原函数为（　　）.

A. $2+\sin x$　　　　B. $x-\sin x+1$

C. $-\sin x+x+1$　　　　D. $1-\cos x$

4. $\int xf''(x)\mathrm{d}x =$（　　）.

A. $xf'(x)+C$　　B. $xf'(x)-f(x)+C$

C. $\frac{1}{2}x^2f'(x)+C$　　D. $(x+1)f'(x)+C$

5. 下列等式中，正确的是（　　）.

A. $\int f'(x)\mathrm{d}x=f(x)$　　B. $\int \mathrm{d}f(x)=f(x)$

C. $\frac{\mathrm{d}}{\mathrm{d}x}\int f(x)\mathrm{d}x=f(x)$　　D. $\mathrm{d}\left[\int f(x)\mathrm{d}x\right]=f(x)$

二、填空题.

1. 设函数 $f(x)$ 的一个原函数是 $\ln x$，则 $f'(x)=$________.

2. 若 $f'(x^2)=\frac{1}{x}(x>0)$，则 $f(x)=$________.

3. $\int\frac{1}{1+\sqrt{x+1}}\mathrm{d}x=$________.

4. 若 $\int f(x)\mathrm{d}x=x^2\mathrm{e}^{2x}+C$，则 $f(x)=$________.

5. 若 $f'(x)=\frac{1}{\sqrt{1+x^2}}$，且 $f(0)=1$，则 $f(x)=$________.

三、求不定积分.

1. $\int(4-3x)^5\mathrm{d}x$；

2. $\int\frac{x}{\sqrt{x^2+3}}\mathrm{d}x$；

3. $\int\sin^3 x\mathrm{d}x$；

4. $\int\sqrt{\frac{\arcsin x}{1-x^2}}\mathrm{d}x$；

5. $\int\frac{\mathrm{d}x}{x(1+\ln x)}$；

6. $\int\sin 4x\sin 2x\mathrm{d}x$；

7. $\int\frac{(2^x+3^x)^2}{6^x}\mathrm{d}x$；

8. $\int\frac{\mathrm{d}x}{\sqrt{-x^2+2x+3}}$；

9. $\int \frac{dx}{e^x + e^{-x}}$；　　10. $\int (x+2)\sqrt[3]{2x+1}dx$；

11. $\int \frac{\sqrt[3]{x}}{x(\sqrt{x}+\sqrt[3]{x})}dx$；　　12. $\int \frac{\sqrt{4x^2-1}}{x}dx$；

13. $\int \frac{dx}{x^2\sqrt{x^2+9}}$；　　14. $\int \frac{dx}{1+\sqrt{1-x^2}}$；

15. $\int \frac{x^5}{\sqrt{1+x^2}}dx$；　　16. $\int \ln^2 x dx$；

17. $\int x^2 \sin^2 \frac{x}{2} dx$；　　18. $\int e^{\sqrt[3]{x}} dx$；

19. $\int e^{2x} \sin 3x dx$；　　20. $\int \sin(\ln x) dx$；

21. $\int \frac{\arctan e^x}{e^x} dx$.

四、设 $\sin x^2$ 为 $f(x)$ 的一个原函数，求 $\int x^2 f(x) dx$.

五、已知 $f(x)=\arctan x$，求 $\int f'(x)f''(x)\mathrm{d}x$.

六、已知 $f(x)$ 的一个原函数为 e^{-x}，求 $\int xf'(2x)\mathrm{d}x$.

第五章　定积分

【本章知识结构图】

- 定积分
  - 定积分的概念与性质
    - 定积分的概念
    - 定积分的几何意义
    - 定积分的性质
  - 定积分的计算
    - 微积分基本定理
      - 积分上限函数
      - 原函数存在定理
      - 牛顿－莱布尼茨公式
    - 换元积分法
    - 分部积分法
  - 广义积分
    - 无限区间上的广义积分
    - 无界函数的广义积分

第一节　定积分概念与性质

【本节知识要点】

1. 基本概念.

名称	定义
定积分	设函数 $f(x)$ 在区间 $[a,b]$ 上有定义，在 $[a,b]$ 内任取 $n-1$ 个分点 $$a=x_0<x_1<x_2<\cdots<x_{n-1}<x_n=b$$ 将 $[a,b]$ 分为 n 个小区间 $[x_{i-1},x_i](i=1,2,3,\cdots,n)$；记区间 $[x_{i-1},x_i]$ 长度为 $$\Delta x_i=x_i-x_{i-1}\ (i=1,2,3,\cdots,n)$$ 在每个小区间 $[x_{i-1},x_i]$ 上任取一点 ξ_i，作函数值 $f(\xi_i)$ 与区间长度 Δx_i 的乘积，并作和式 $\sum\limits_{i=1}^{n}f(\xi_i)\Delta x_i$，记 $\lambda=\max\{\Delta x_1,\Delta x_2,\cdots,\Delta x_n\}$，若极限 $\lim\limits_{\lambda\to 0}\sum\limits_{i=1}^{n}f(\xi_i)\Delta x_i$ 存在且为常数 I，

名称	定义
	则称函数 $f(x)$ 在 $[a,b]$ 上可积，将 I 称为 $f(x)$ 在 $[a,b]$ 上的定积分，记作 $\int_a^b f(x)\mathrm{d}x$，即 $$\int_a^b f(x)\mathrm{d}x=\lim_{\lambda\to 0}\sum_{i=1}^{n}f(\xi_i)\Delta x_i=I,$$ 其中 $\int_a^b f(x)\mathrm{d}x$ 中的 $f(x)$ 称为被积函数，$f(x)\mathrm{d}x$ 称为被积表达式，x 称为积分变量，区间 $[a,b]$ 称为积分区间，a 为积分上限，b 为积分下限

2. 定积分的几何意义.

$f(x)$ 在区间 $[a,b]$ 上的符号	几何意义	图例
$f(x)\geqslant 0$	$\int_a^b f(x)\mathrm{d}x=A$	
$f(x)\leqslant 0$	$\int_a^b f(x)\mathrm{d}x=-A$	
$f(x)$ 有正有负	$\int_a^b f(x)\mathrm{d}x=A_2-A_1-A_3$	

3. 定积分的性质.

性质	内容
常用结论	$\int_a^b 0\mathrm{d}x=0$；$\int_a^b \mathrm{d}x=b-a$；$\int_a^b x\mathrm{d}x=\dfrac{b^2-a^2}{2}$
线性性	$\int_a^b[\alpha f(x)\pm\beta g(x)]\mathrm{d}x=\alpha\int_a^b f(x)\mathrm{d}x\pm\beta\int_a^b g(x)\mathrm{d}x$

性质	内容
可加性	$\int_a^b f(x)\mathrm{d}x=\int_a^c f(x)\mathrm{d}x+\int_c^b f(x)\mathrm{d}x$
保号性	在区间 $[a,b]$ 上，若 $f(x)\geqslant 0$, 则 $\int_a^b f(x)\mathrm{d}x\geqslant 0$
比较定理	在区间 $[a,b]$ 上，若 $f(x)\geqslant g(x)$，则 $\int_a^b f(x)\mathrm{d}x\geqslant \int_a^b g(x)\mathrm{d}x$
估值定理	在区间 $[a,b]$ 上，若 $A\leqslant f(x)\leqslant B$，则 $A(b-a)\leqslant \int_a^b f(x)\mathrm{d}x\leqslant B(b-a)$
绝对值不等式	在区间 $[a,b]$ 上，有 $\left\|\int_a^b f(x)\mathrm{d}x\right\|\leqslant \int_a^b \|f(x)\|\mathrm{d}x$
积分中值定理	在区间 $[a,b]$ 上，若 $f(x)$ 连续，则至少存在一点 $\xi(\xi\in[a,b])$，使得 $\int_a^b f(x)\mathrm{d}x=f(\xi)(b-a)$

习题 5-1

1. 填空题.

（1）定积分 $\int_0^{\frac{\pi}{4}}\tan x\mathrm{d}x$ 的积分和的极限形式为____________.

（2）区间 $[-1,2]$ 上和式的极限 $\lim\limits_{\lambda\to 0}\sum\limits_{i=1}^{n}\mathrm{e}^{1+\xi_i}\Delta x_i$ 的定积分形式为____________.

（3）$\dfrac{\mathrm{d}}{\mathrm{d}x}\int_a^b \arcsin x\mathrm{d}x=$____________，$\int_{-1}^{2}(3+5x)\mathrm{d}x=$____________.

（4）一辆汽车行驶的速度为：$v(t)=t^3(\mathrm{m/s})$，该汽车在 $t=1$ s 到 $t=9$ s 行驶的路程 S 用定积分可表示为____________.

（5）曲线 $y=x^2$ 与曲线 $y=2-x^2$ 围成的平面图形的面积 A 用定积分可表示为__________.

2. 利用定积分的几何意义求定积分.

（1）$\int_{-2}^{2}\sqrt{4-x^2}\,\mathrm{d}x$；　　（2）$\int_{-\pi}^{\pi}\sin x\mathrm{d}x$；

（3）$\int_0^1\sqrt{2x-x^2}\mathrm{d}x$.

3. 比较各组定积分的大小.

（1）$\int_0^{2\pi} x\mathrm{d}x$ 与 $\int_0^{2\pi} \sin x\mathrm{d}x$；

（2）$\int_0^1 \mathrm{e}^x\mathrm{d}x$ 与 $\int_0^1 \mathrm{e}^{x^2}\mathrm{d}x$；

（3）$\int_{-\frac{1}{2}}^0 x\mathrm{d}x$ 与 $\int_{-\frac{1}{2}}^0 \ln(1+x)\mathrm{d}x$.

4. 估计定积分的值.

（1）$\int_1^4 (x^2+5x)\mathrm{d}x$；

（2）$\int_0^{\pi} (1+\sqrt{\sin x})\mathrm{d}x$；

（3）$\int_2^0 \mathrm{e}^{x^2-x}\mathrm{d}x$.

第二节　定积分的计算

【本节知识要点】

1. 基本概念.

<table>
<tr><th colspan="2">名称</th><th>定义</th></tr>
<tr><td>微积分基本定理</td><td>积分上限函数</td><td>设函数 $f(x)$ 在区间 $[a,b]$ 上连续，$x\in[a,b]$，引入定积分 $\int_a^x f(t)\mathrm{d}t$，对于变量 x 的每一个取定的值 x_0，都对应确定的定积分值 $\int_a^{x_0} f(t)\mathrm{d}t$，则定积分 $\int_a^{x_0} f(t)\mathrm{d}t$ 是关于上限变量 x 的函数，称为积分上限函数或变上限积分，记为 $\Phi(x)$，即
$$\Phi(x)=\int_a^x f(t)\mathrm{d}t$$</td></tr>
</table>

名称		定义
微积分基本定理	原函数存在定理	若函数 $f(x)$ 在区间 $[a,b]$ 上连续，则积分上限函数 $\Phi(x)=\int_a^x f(t)\mathrm{d}t$ 在 $[a,b]$ 上可导，且其导数等于被积函数，即 $$\Phi'(x)=\frac{\mathrm{d}}{\mathrm{d}x}\int_a^x f(t)\mathrm{d}t=f(x)$$
	牛顿-莱布尼兹公式	若函数 $f(x)$ 在区间 $[a,b]$ 上连续，且 $F(x)$ 是 $f(x)$ 的一个原函数，则有 $$\int_a^b f(x)\mathrm{d}x=F(b)-F(a)$$
换元积分法	设函数 $y=f(x)$ 在区间 $[a,b]$ 上连续，函数 $x=\varphi(t)$ 满足条件：（1）当 $t\in[\alpha,\beta]$ 时，$\varphi(t)\in[a,b]$ 且 $\varphi(\alpha)=a,\ \varphi(\beta)=b$；（2）$x=\varphi(t)$ 在区间 $[\alpha,\beta]$ 上单调且具有连续导数，则有 $$\int_a^b f(x)\mathrm{d}x=\int_\alpha^\beta f[\varphi(t)]\varphi'(t)\mathrm{d}t$$	
分部积分法	设函数 $u=u(x),\ v=v(x)$ 在区间 $[a,b]$ 上具有连续导数 $u'(x),\ v'(x)$，则有 $$\int_a^b u\mathrm{d}v=(uv)\Big\|_b^a-\int_a^b v\,\mathrm{d}u \text{ 或 } \int_a^b uv'\mathrm{d}x=(uv)\Big\|_b^a-\int_a^b u'v\mathrm{d}x$$	

2. 几种常用的结论.

（1）若 $f(x)$ 在区间 $[-a,a]$ 上是连续奇函数，则 $\int_{-a}^a f(x)\mathrm{d}x=0$；

若 $f(x)$ 在区间 $[-a,a]$ 上是连续偶函数，则 $\int_{-a}^a f(x)\mathrm{d}x=2\int_0^a f(x)\mathrm{d}x$.

（2）若 $f(x)$ 在区间 $[0,1]$ 上连续，则

$$\int_0^{\frac{\pi}{2}} f(\sin x)\mathrm{d}x=\int_0^{\frac{\pi}{2}} f(\cos x)\mathrm{d}x，\quad \int_0^{\pi} f(\sin x)\mathrm{d}x=2\int_0^{\frac{\pi}{2}} f(\sin x)\mathrm{d}x，\quad \int_0^{\pi} xf(\sin x)\mathrm{d}x=\frac{\pi}{2}\int_0^{\pi} f(\sin x)\mathrm{d}x\cdot$$

（3）$$\int_0^{\frac{\pi}{2}}\cos^n x\mathrm{d}x=\int_0^{\frac{\pi}{2}}\sin^n x\mathrm{d}x=\begin{cases}\dfrac{n-1}{n}\cdot\dfrac{n-3}{n-2}\cdot\cdots\cdot\dfrac{4}{5}\cdot\dfrac{2}{3} & (n\text{ 为正奇数})\\[2ex] \dfrac{n-1}{n}\cdot\dfrac{n-3}{n-2}\cdot\cdots\cdot\dfrac{1}{2}\cdot\dfrac{\pi}{2} & (n\text{ 为正偶数})\end{cases}$$

习题 5-2

1. 求下列函数的导数.

（1）$\int_3^x \frac{\sin t}{t}\mathrm{d}t$；

（2）$\int_1^{\cos x}\frac{\arccos t}{1-t^2}\mathrm{d}t$；

（3）$\int_{2x}^1 \mathrm{e}^{t^2}\mathrm{d}t$；

（4）$\int_x^{\mathrm{e}^{2x}} t\ln t\mathrm{d}t$；

（5）$\int_{\sqrt{x}}^{x}\frac{\mathrm{d}t}{\sqrt{1+t^2}}$；　　（6）$\int_{x^2}^{\sin x}3^t\sqrt{t}\mathrm{d}t$.

2. 求下列极限.

（1）$\lim\limits_{x\to 0}\frac{1}{x}\int_0^x\sqrt{1+t^2}\mathrm{d}t$；　　（2）$\lim\limits_{x\to 0}\frac{\int_0^x(\mathrm{e}^{t^2}-1)\mathrm{d}t}{x^3}$；

（3）$\lim\limits_{x\to 0}\frac{\int_0^{x^2}\cos t\mathrm{d}t}{\tan x^2}$；　　（4）$\lim\limits_{x\to 0}\frac{\left(\int_0^x\sin t^2\mathrm{d}t\right)^2}{\int_x^0 t^2\sin t^3\mathrm{d}t}$.

3. 求下列定积分.

（1）$\int_0^2(\mathrm{e}^x+x^{\mathrm{e}})\mathrm{d}x$；　　（2）$\int_1^3\left|x^2-3x+2\right|\mathrm{d}x$；

（3）$\int_1^4\frac{\mathrm{e}^{\sqrt{x}}}{\sqrt{x}}\mathrm{d}x$；　　（4）$\int_0^{\sqrt{2}}x\sqrt{2-x^2}\mathrm{d}x$；

（5）$\int_1^{\mathrm{e}^2}\frac{\mathrm{d}t}{t\sqrt{1+\ln t}}$；　　（6）$\int_{-1}^1\frac{(\arctan x)^2}{1+x^2}\mathrm{d}x$；

（7）$\int_{-\frac{\pi}{2}}^{\frac{\pi}{2}}\sqrt{\cos x-\cos^3 x}\mathrm{d}x$；

（8）$\int_{3}^{8}\frac{x}{\sqrt{1+x}}\mathrm{d}x$；

（9）$\int_{4}^{9}\frac{\sqrt{x}}{\sqrt{x}-1}\mathrm{d}x$；

（10）$\int_{1}^{\sqrt{3}}\frac{\mathrm{d}x}{x^2\sqrt{1+x^2}}$；

（11）$\int_{-\frac{1}{2}}^{\frac{1}{2}}\frac{x^3\arcsin^2 x}{\sqrt{1-x^2}}\mathrm{d}x$；

（12）$\int_{\frac{\sqrt{2}}{2}}^{1}\frac{\sqrt{4x^2-1}}{x}\mathrm{d}x$.

4. 求下列定积分.

（1）$\int_{0}^{1}(x+1)\mathrm{e}^{-x}\mathrm{d}x$；

（2）$\int_{1}^{4}\frac{\ln x}{x^3}\mathrm{d}x$；

（3）$\int_{-\frac{1}{2}}^{\frac{1}{2}}\arcsin x\mathrm{d}x$；

（4）$\int_{\frac{\pi}{4}}^{\frac{\pi}{3}}\frac{x}{\sin^2 x}\mathrm{d}x$；

（5）$\int_{-1}^{1}x^2\mathrm{e}^{|x|}\mathrm{d}x$；

（6）$\int_{0}^{2}\ln(x+\sqrt{1+x^2})\mathrm{d}x$；

（7）$\int_{-\frac{\pi}{2}}^{\frac{\pi}{2}}\frac{\sin x\cos x}{a^2\cos^2 x+b^2\sin^2 x}\mathrm{d}x$；（8）$\int_0^{\pi}(x\sin x)^2\mathrm{d}x$；

（9）$\int_1^{\mathrm{e}}\cos(\ln x)\mathrm{d}x$；（10）$\int_0^{\frac{\pi}{4}}\sin^3 2x\mathrm{d}x$；

（11）$\int_{-\frac{\pi}{2}}^{\frac{\pi}{2}}4\cos^4\theta\mathrm{d}\theta$；（12）$\int_{-1}^{1}(1-x^2)^5\mathrm{d}x$.

5. 设 $f(x)=\begin{cases}\sqrt{x}, & x\geqslant 0\\ \dfrac{1}{\mathrm{e}^x+1}, & x<0\end{cases}$，求 $\int_0^2 f(x-1)\mathrm{d}x$.

6. 证明 $\int_0^{\pi}xf(\sin x)\mathrm{d}x=\frac{\pi}{2}\int_0^{\pi}f(\sin x)\mathrm{d}x$.（提示：令 $x=\pi-t$）

7. 设 $f(x)=\int_0^x\frac{\sin t}{\pi-t}\mathrm{d}t$，求 $\int_0^{\pi}f(x)\mathrm{d}x$.

第三节　广义积分

【本节知识要点】

1．基本概念.

名称	定义	计算
无限区间上的广义积分	设函数 $f(x)$ 在无穷区间 $[a,+\infty)$ 上连续，取 $b>a$，若极限 $\lim\limits_{b\to+\infty}\int_a^b f(x)\mathrm{d}x$ 存在，则称该极限为函数 $f(x)$ 在 $[a,+\infty)$ 上的广义积分，记作 $\int_a^{+\infty} f(x)\mathrm{d}x$，即 $$\int_a^{+\infty} f(x)\mathrm{d}x=\lim_{b\to+\infty}\int_a^b f(x)\mathrm{d}x$$ 此时也称广义积分 $\int_a^{+\infty} f(x)\mathrm{d}x$ 收敛；若上述极限不存在，称其发散	$\int_a^{+\infty} f(x)\mathrm{d}x=F(x)\Big\|_a^{+\infty}$ $=F(+\infty)-F(a)$ $=\lim\limits_{x\to+\infty}F(x)-F(a)$
	设函数 $f(x)$ 在无穷区间 $(-\infty,b]$ 上连续，取 $a<b$，若极限 $\lim\limits_{a\to-\infty}\int_a^b f(x)\mathrm{d}x$ 存在，则称该极限为函数 $f(x)$ 在 $(-\infty,b]$ 上的广义积分，记作 $\int_{-\infty}^{b} f(x)\mathrm{d}x$，即 $$\int_{-\infty}^{b} f(x)\mathrm{d}x=\lim_{a\to-\infty}\int_a^b f(x)\mathrm{d}x$$ 此时也称广义积分 $\int_{-\infty}^{b} f(x)\mathrm{d}x$ 收敛；若上述极限不存在，称其发散	$\int_{-\infty}^{b} f(x)\mathrm{d}x=F(x)\Big\|_{-\infty}^{b}$ $=F(b)-F(-\infty)$ $=F(b)-\lim\limits_{x\to-\infty}F(x)$
	设函数 $f(x)$ 在无穷区间 $(-\infty,+\infty)$ 上连续，则定义 $f(x)$ 在无穷区间 $(-\infty,+\infty)$ 上的广义积分为 $$\int_{-\infty}^{+\infty} f(x)\mathrm{d}x=\int_{-\infty}^{c} f(x)\mathrm{d}x+\int_{c}^{+\infty} f(x)\mathrm{d}x$$ 其中 c 可任意选取，通常取 $c=0$．当上式右端的两个广义积分都收敛时，称广义积分 $\int_{-\infty}^{+\infty} f(x)\mathrm{d}x$ 收敛，否则发散	$\int_{-\infty}^{+\infty} f(x)\mathrm{d}x=F(x)\Big\|_{-\infty}^{+\infty}$ $=F(+\infty)-F(-\infty)$ $=\lim\limits_{x\to+\infty}F(x)-\lim\limits_{x\to-\infty}F(x)$
无界函数的广义积分	设函数 $f(x)$ 在区间 $(a,b]$ 上连续，a 为瑕点，取 $t>a$，若极限 $\lim\limits_{t\to a^+}\int_t^b f(x)\mathrm{d}x$ 存在，则称该极限为函数 $f(x)$ 在 $(a,b]$ 上的广义积分，仍记作 $\int_a^b f(x)\mathrm{d}x$，即 $$\int_a^b f(x)\mathrm{d}x=\lim_{t\to a^+}\int_t^b f(x)\mathrm{d}x$$ 此时也称广义积分 $\int_a^b f(x)\mathrm{d}x$ 收敛；若上述极限不存在，称其发散	$\int_a^b f(x)\mathrm{d}x=F(x)\Big\|_{a^+}^{b}$ $=F(b)-\lim\limits_{x\to a^+}F(x)$

<table>
<tr><th>名称</th><th>定　义</th><th>计　算</th></tr>
<tr><td rowspan="2">无界函数的广义积分</td><td>设函数 $f(x)$ 在区间 $(a,b]$ 上连续，b 为瑕点，取 $t<b$，若极限 $\lim\limits_{t\to b^-}\int_a^t f(x)\mathrm{d}x$ 存在，则称该极限为函数 $f(x)$ 在 $(a,b]$ 上的广义积分，仍记作 $\int_a^b f(x)\mathrm{d}x$，即 $$\int_a^b f(x)\mathrm{d}x=\lim_{t\to b^-}\int_a^t f(x)\mathrm{d}x$$ 此时也称广义积分 $\int_a^b f(x)\mathrm{d}x$ 收敛；若上述极限不存在，称其发散</td><td>$$\int_a^b f(x)\mathrm{d}x=F(x)\Big|_a^{b^-}=\lim_{x\to b^-}F(x)-F(a)$$</td></tr>
<tr><td>设函数 $f(x)$ 在区间 $[a,c)\cup(c,b]$ 上连续，c 为瑕点，则定义 $f(x)$ 在区间 $[a,c)\cup(c,b]$ 的广义积分为 $$\int_a^b f(x)\mathrm{d}x=\int_a^c f(x)\mathrm{d}x+\int_c^b f(x)\mathrm{d}x$$ 当上式右端的两个广义积分都收敛时，称广义积分 $\int_a^b f(x)\mathrm{d}x$ 收敛，否则发散</td><td>$$\begin{aligned}\int_a^b f(x)\mathrm{d}x&=\int_a^c f(x)\mathrm{d}x+\int_c^b f(x)\mathrm{d}x\\&=F(x)\Big|_a^{c^-}+F(x)\Big|_{c^+}^b\\&=\lim_{x\to c^-}F(x)-F(a)+\\&\quad F(b)-\lim_{x\to c^+}F(x)\end{aligned}$$</td></tr>
</table>

2. 两个重要的结论.

（1）广义积分 $\int_a^{+\infty}\frac{\mathrm{d}x}{x^p}$ 当 $p\leqslant 1$ 时发散；当 $p>1$ 时收敛，其值为 $\frac{a^{1-p}}{p-1}$.

（2）广义积分 $\int_0^a\frac{\mathrm{d}x}{x^q}$ 当 $q<1$ 时收敛，其值为 $\frac{a^{1-q}}{1-q}$；当 $q\geqslant 1$ 时发散

习题 5-3

1. 判断下列广义积分的敛散性，若收敛，计算广义积分的值.

（1）$\int_0^{+\infty}\sin\theta\mathrm{d}\theta$；

（2）$\int_{-\infty}^5 \mathrm{e}^{4x}\mathrm{d}x$；

（3）$\int_{-\infty}^1\frac{1}{2x-3}\mathrm{d}x$；

（4）$\int_{-\infty}^{+\infty}\frac{\mathrm{d}x}{x^2+2x+2}$；

（5）$\int_{e}^{+\infty}\frac{dx}{x\ln^2 x}$；

（6）$\int_{-\infty}^{+\infty}x^2e^{-x^3}dx$；

（7）$\int_{-\infty}^{-1}\frac{dx}{x^2(x^2+1)}$；

（8）$\int_{-\infty}^{+\infty}\frac{x}{\sqrt{1+x^2}}dx$；

（9）$\int_{1}^{+\infty}x^2\ln x dx$；

（10）$\int_{1}^{3}\frac{dx}{1-x^2}$；

（11）$\int_{0}^{1}\frac{dx}{4x-1}$；

（12）$\int_{0}^{1}\frac{x}{\sqrt{1-x^2}}dx$；

（13）$\int_{-1}^{1}\frac{e^x}{e^x-1}dx$；

（14）$\int_{0}^{2}\frac{\ln x}{\sqrt{x}}dx$；

（15）$\int_{0}^{\pi}\sec x dx$.

2. 讨论以下广义积分的敛散性.

（1）$\int_{2}^{+\infty}\frac{dx}{x(\ln x)^k}$；

（2）$\int_{a}^{b}\frac{dx}{(x-a)^q}\ (b>a,q>0)$.

复习题五

一、选择题.

1. 定积分$\int_0^{\frac{3\pi}{4}}|\sin 2x|\mathrm{d}x$的值为（　　）.

A. $\frac{1}{2}$　　B. $\frac{3}{2}$　　C. $-\frac{1}{2}$　　D. $-\frac{3}{2}$

2. 下列式子正确的是（　　）.

A. $\int_{-2}^{-1}\left(\frac{1}{3}\right)^x\mathrm{d}x > \int_{-2}^{-1}3^x\mathrm{d}x$　　B. $\int_{-2}^{-1}\left(\frac{1}{3}\right)^x\mathrm{d}x < \int_{-2}^{-1}3^x\mathrm{d}x$

C. $\int_{-2}^{-1}\left(\frac{1}{3}\right)^x\mathrm{d}x = \int_{-2}^{-1}3^x\mathrm{d}x$　　D. 以上都不对

3. 设$I_1=\int_1^{\mathrm{e}}\ln x\mathrm{d}x$，$I_2=\int_1^{\mathrm{e}}\ln^2 x\mathrm{d}x$，则（　　）.

A. $I_2-I_1^2=0$　　B. $I_2-2I_1=0$

C. $I_2+2I_1=\mathrm{e}$　　D. $I_2-2I_1=\mathrm{e}$

4. 设$f(x)=\int_0^{1-\cos x}\sin t^2\mathrm{d}t,\ g(x)=\frac{x^5}{5}+\frac{x^6}{6}$，则当$x\to 0$时，有（　　）.

A. $f(x)=o(g(x))$　　B. $g(x)=o(f(x))$

C. $f(x)\sim g(x)$　　D. $f(x)$是$g(x)$的同阶但非等价无穷小

5. 令$S_1=\int_a^b f(x)\mathrm{d}x,\ S_2=f(b)(b-a),\ S_3=\frac{1}{2}[f(a)+f(b)](b-a)$，其中$f(x)$在区间$[a,b]$上满足：$f(x)>0, f'(x)>0, f''(x)>0$，则（　　）.

A. $S_1<S_2<S_3$　　B. $S_1<S_3<S_2$

C. $S_3<S_1<S_2$　　D. $S_2<S_3<S_1$

6. 下列各广义积分收敛的是（　　）.

A. $\int_1^{+\infty}x\mathrm{d}x$　　B. $\int_1^{+\infty}x^2\mathrm{d}x$

C. $\int_1^{+\infty}\frac{1}{x}\mathrm{d}x$　　D. $\int_1^{+\infty}\frac{1}{x^2}\mathrm{d}x$

二、填空题.

1. 设函数$f(x)$连续，且$\int_{\mathrm{e}^{-x}}^{3}f(t)\mathrm{d}t=\mathrm{e}^{2x}$，则$f(x)=$________.

2. 广义积分$\int_1^5\frac{\mathrm{d}x}{\sqrt[3]{x-1}}=$____________.

3. 已知$\int_0^1 f(x)\mathrm{d}x=1,\ f(1)=0$，则$\int_0^1 xf'(x)\mathrm{d}x=$____________.

4. 设$f(x)$为连续函数，且$f(x)=x+2\int_0^1 f(t)\mathrm{d}t$，则$f(x)=$____________.

5. 令$M=\int_{-\frac{\pi}{2}}^{\frac{\pi}{2}}\frac{\sin x\cos^4 x}{1+x^2}\mathrm{d}x,\ N=\int_{-\frac{\pi}{2}}^{\frac{\pi}{2}}(\sin^3 x+\cos^2 x)\mathrm{d}x,\ P=\int_{-\frac{\pi}{2}}^{\frac{\pi}{2}}(\sin^3 x-\cos^2 x)\mathrm{d}x$，则$M,N,P$之间的大小关系为________________.

6. 若 $f(n)=\int_0^{\frac{\pi}{4}}\tan^n x\mathrm{d}x$，则 $f(n)+f(n-2)=$____________.

三、求下列定积分.

1. $\int_1^3\frac{1}{x^2}\mathrm{e}^{-\frac{1}{x}}\mathrm{d}x$；

2. $\int_0^2\frac{\mathrm{d}x}{\sqrt{x+2}-\sqrt{x}}$；

3. $\int_{-2}^2\frac{x(\cos x+x)}{1+x^2}\mathrm{d}x$；

4. $\int_{-\frac{\pi}{2}}^{\frac{\pi}{2}}\sin 2x\sin x\mathrm{d}x$；

5. $\int_0^{\frac{3}{4}}\frac{x+1}{\sqrt{x^2+1}}\mathrm{d}x$；

6. $\int_0^{\frac{\pi}{2}}|\sin x-\cos x|\mathrm{d}x$；

7. $\int_0^{\sqrt{a}}\frac{x^2}{\sqrt{2a-x^2}}\mathrm{d}x$；

8. $\int_2^4\frac{\mathrm{d}x}{x^2\sqrt{x-1}}$；

9. $\int_{-1}^1\tan x\ln|\cos x|\mathrm{d}x$；

10. $\int_1^2(x+\sqrt{x})\ln x\mathrm{d}x$；

11. $\int_{-\pi}^{\pi}\left(3-\cos^3\frac{\theta}{2}\right)\mathrm{d}\theta$；

12. $\int_0^{\frac{\pi}{4}}\mathrm{e}^x\cos 2x\mathrm{d}x$；

13. $\int_{-\frac{\pi}{4}}^{\frac{\pi}{4}}|x|(\cos^2 x+\sin x)\mathrm{d}x$；

14. $\int_0^a x^4\sqrt{a^2-x^2}\mathrm{d}x$；

15. $\int_{\frac{1}{2}}^{\frac{3}{4}} \arcsin\sqrt{x}\,\mathrm{d}x$.

四、计算下列广义积分，判断其敛散性.

1. $\int_0^2 x^2 \ln x\,\mathrm{d}x$；

2. $\int_1^3 \frac{x-3}{2x-3}\mathrm{d}x$；

3. $\int_{-1}^1 \frac{\mathrm{d}x}{x^2-4x+3}$；

4. $\int_{-\frac{\pi}{4}}^{\frac{3\pi}{4}} \frac{\mathrm{d}x}{\cos^2 x}$；

5. $\int_0^{+\infty} s\mathrm{e}^{-5s}\mathrm{d}s$；

6. $\int_{-\infty}^0 \frac{\mathrm{d}x}{\mathrm{e}^x+\mathrm{e}^{-x}}$；

7. $\int_{-\infty}^{+\infty} \frac{x}{1+x^2}\mathrm{d}x$；

8. $\int_{-\infty}^{-1} \frac{\mathrm{d}x}{\sqrt{2-x}}$；

9. $\int_1^{+\infty} \frac{\arctan x}{x^2}\mathrm{d}x$.

五、计算下列定积分.

1. $\int_0^{\frac{\pi}{2}} \frac{\sin x}{\sin x+\cos x}\mathrm{d}x$；

2. $\int_0^{\pi} \frac{x\sin x}{1+\cos^2 x}\mathrm{d}x$.

六、已知 $f(x)=\max\{e^{2x},e^{-x}\}$，求 $\int_{-1}^{1}f(x)dx$.

七、求函数 $f(x)=\int_{0}^{x}(t-1)(t-2)^2dt$ 在区间 $[0,2]$ 上的最值.

八、已知方程 $\int_{0}^{y}e^{t}dt+\int_{x}^{x^2}\cos t dt=0$ 确定了 y 为 x 的函数，求 $y'(x)$.

九、已知 $\lim\limits_{x\to\infty}\left(\dfrac{x-a}{x+a}\right)^{x}=\int_{a}^{+\infty}4x^2e^{-2x}dx$，求非零常数 a 的值.

十、证明：若 $f(x),g(x)$ 在 $[-a,a]$ $(a>0)$ 上连续，$g(x)$ 为偶函数，$f(x)$ 满足关系式：$f(x)+f(-x)=A$（A 为常数），则有 $\int_{-a}^{a}f(x)g(x)dx=A\int_{0}^{a}g(x)dx$.

第六章　定积分的应用

【本章知识结构图】

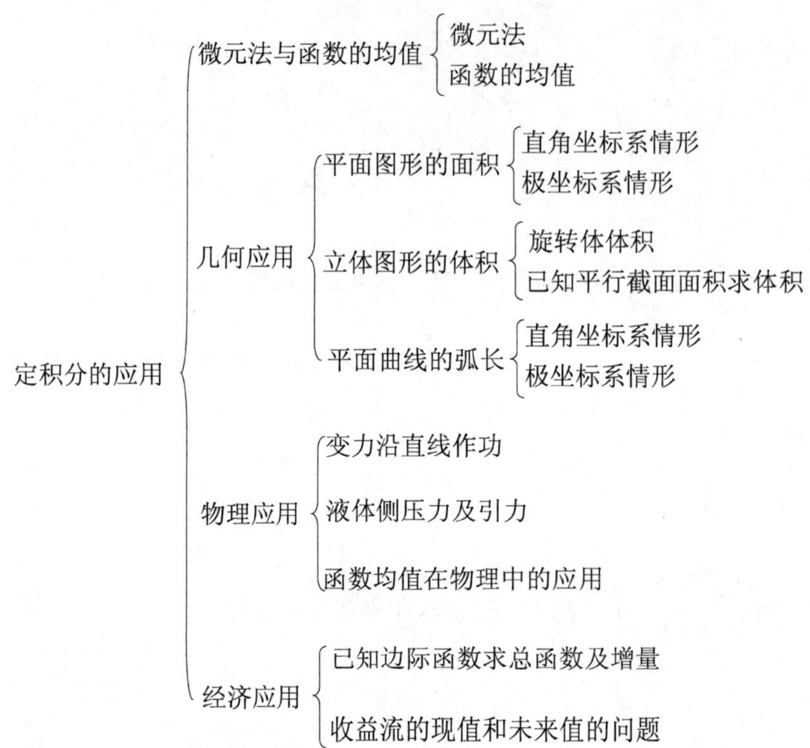

第一节　定积分的微元法与函数的均值

【本节知识要点】

基本概念.

名称	定义
微元法	许多实际问题的计算都可以归结为“和式的极限”——定积分： $$\lim_{\lambda\to 0}\sum_{i=1}^{n} f(\xi_i)\Delta x_i=\int_a^b f(x)\mathrm{d}x$$ 其形式可按如下简化步骤推导： （1）* 根据问题确定积分变量 x（或 y），并求出相应的积分区间 $[a,b]$； （2）* 在区间 $[a,b]$ 上任取一小区间 $[x,x+\mathrm{d}x]$，求出此区间上所求量 I 的部分量 ΔI

名称	定义
微元法	的近似值，如果 ΔI 能近似地表示为某函数在 $[x,x+\mathrm{d}x]$ 左端点 x 处的值 $f(x)$ 与 $\mathrm{d}x$ 的乘积 $f(x)\mathrm{d}x$，则把 $f(x)\mathrm{d}x$ 称为所求量 I 的微元，记为 $\mathrm{d}I$，即 $$\Delta I \approx \mathrm{d}I = f(x)\mathrm{d}x$$ （3）* 以所求量 I 的微元 $\mathrm{d}I = f(x)\mathrm{d}x$ 为被积表达式，在区间 $[a,b]$ 上作定积分，得 $$I = \int_a^b \mathrm{d}I = \int_a^b f(x)\mathrm{d}x$$ 以上抽象出实际问题的定积分形式的方法，称为定积分的微元法或元素法
函数的均值	连续函数 $f(x)$ 在区间 $[a,b]$ 上的均值 f_{ave} 可采用如下思路进行计算： 将区间 $[a,b]$ 进行 n 等分，分成 n 个等长的子区间，每个子区间长度 $\Delta x = \dfrac{b-a}{n}$；在每个子区间内取点 $x_1^*, x_2^*, \cdots, x_n^*$，当 n 很大时，区间长度 Δx 就很小，可取 $x_i^*(1,2,\cdots,n)$ 的函数值 $f(x_i^*)$ 作为函数 $f(x)$ 在相应子区间上均值的近似值；于是函数 $f(x)$ 在区间 $[a,b]$ 上的均值可近似为 $$f_{\mathrm{ave}} \approx \frac{f(x_1^*)+f(x_2^*)+\cdots+f(x_n^*)}{n} = \frac{1}{n}\sum_{i=1}^{n} f(x_i^*)$$ n 越大，近似程度越高，当 $n\to\infty$，则有 $$f_{\mathrm{ave}} = \lim_{n\to\infty}\frac{1}{n}\sum_{i=1}^{n} f(x_i^*) = \lim_{n\to\infty}\frac{\Delta x}{b-a}\sum_{i=1}^{n} f(x_i^*) = \frac{1}{b-a}\lim_{n\to\infty}\sum_{i=1}^{n} f(x_i^*)\Delta x = \frac{1}{b-a}\int_a^b f(x)\mathrm{d}x$$ 于是，定义函数 $f(x)$ 在区间 $[a,b]$ 的均值 f_{ave} 为 $$f_{\mathrm{ave}} = \frac{1}{b-a}\int_a^b f(x)\mathrm{d}x$$

习题 6-1

1. 用微元法推导速度函数为连续函数 $v(t)$ 的物体在时间间隔 $[T_1,T_2]$ 上作变速直线运动的路程的定积分形式.

2. 求下列函数在给定区间上的均值.

（1）$f(x)=x^2\sqrt{1+x^3}$，$[1,2]$；　　　　（2）$f(x)=2x\mathrm{e}^{-x}$，$[0,2]$.

3. 已知 $f(x)=2\sin x-\sin 2x\ (x\in[0,\pi])$，试求某常数 c，使得 $f(c)=\dfrac{\pi}{2}f_{\text{ave}}$.

第二节　定积分的几何应用

【本节知识要点】

1. 平面图形的面积.

分类	公式	图例
直角坐标系情形	由曲线 $y=f(x)$ 及直线 $x=a,x=b$ 和 x 轴围成的曲边梯形的面积 A 为 $$A=\int_a^b\lvert f(x)\rvert\mathrm{d}x$$	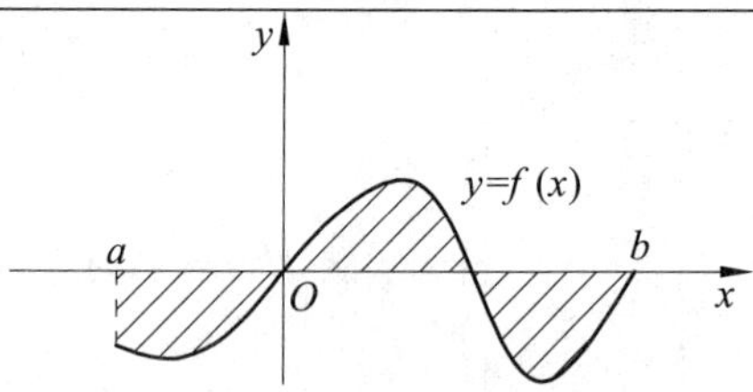 y; y=f (x); a; b; O; x
	由曲线 $x=\varphi(y)$ 及直线 $y=c,y=d$ 和 y 轴围成的平面图形的面积 A 为 $$A=\int_c^d\lvert\varphi(y)\rvert\mathrm{d}y$$	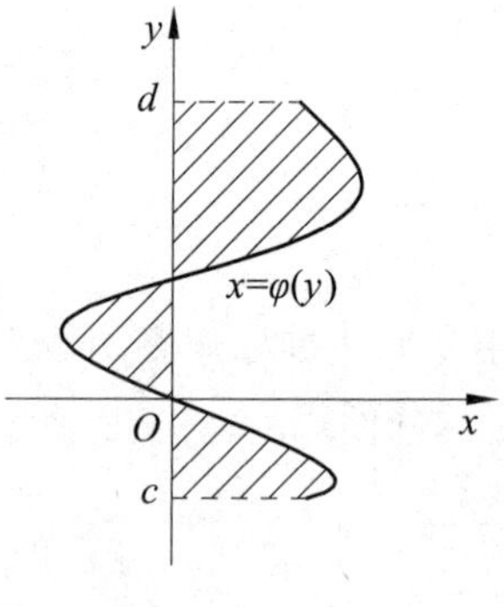 y; d; x=φ(y); O; x; c
	由曲线 $y=f(x),y=g(x)$ 与直线 $x=a,x=b$ 围成的平面图形的面积 A 为 $$A=\int_a^b\lvert f(x)-g(x)\rvert\mathrm{d}x$$	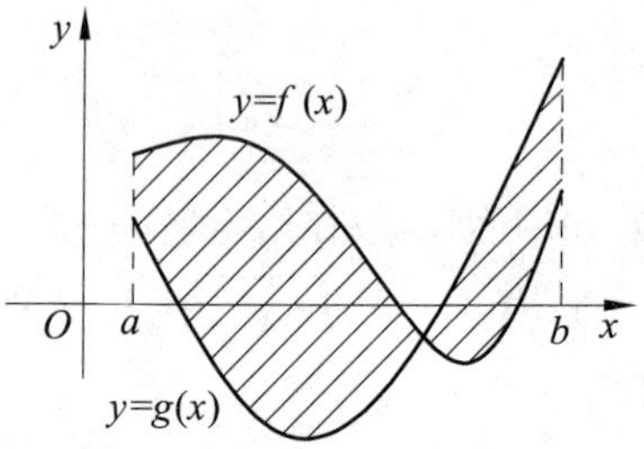 y; y=f (x); O; a; b; x; y=g(x)

分类	公式	图例
直角坐标系情形	由曲线 $x=\varphi(y)$，$x=\psi(y)$ 与直线 $y=c$，$y=d$ 围成的平面图形的面积 A 为 $$A=\int_c^d\lvert\varphi(y)-\psi(y)\rvert\mathrm{d}y$$	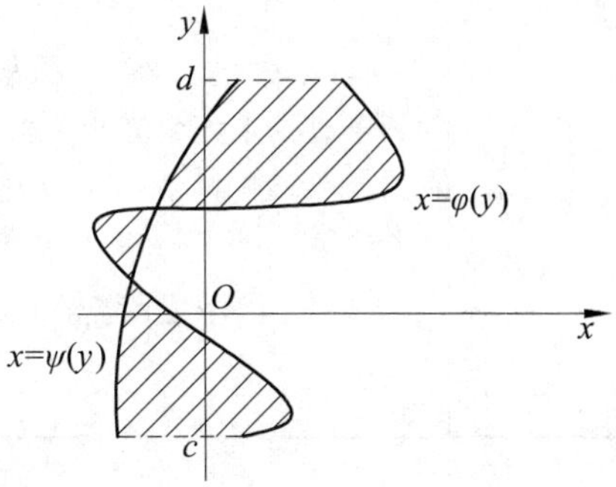
极坐标系情形	由曲线 $\rho=\rho(\theta)$ 及射线 $\theta=\alpha$, $\theta=\beta$ 围成的平面图形的面积 A 为 $$A=\frac{1}{2}\int_\alpha^\beta\rho^2(\theta)\mathrm{d}\theta$$	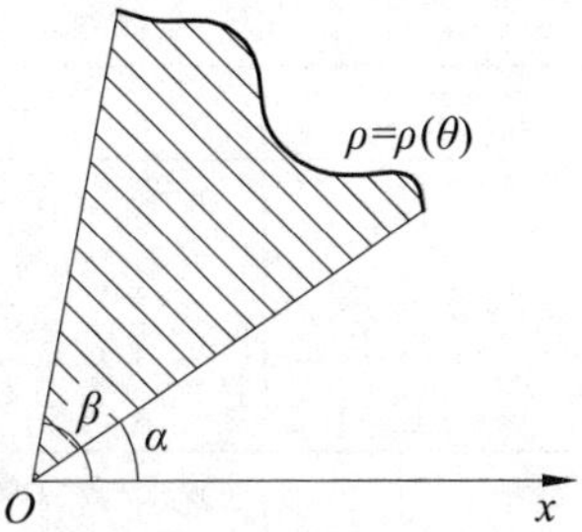

2. 立体图形的体积.

分类	公式		图例
旋转体的体积	平面图形绕 x 轴旋转	设旋转体是由区间 $[a,b]$ 上以连续曲线 $y=f(x)$ 为曲边的曲边梯形绕 x 轴旋转一周所成的立体图形，则其体积 V 为 $$V=\pi\int_a^b f^2(x)\mathrm{d}x$$	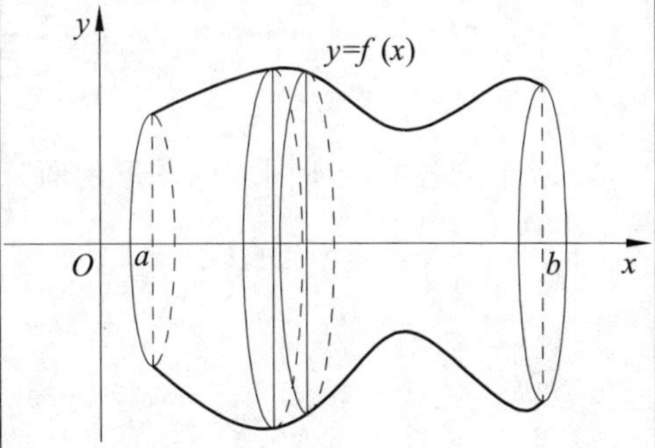
	平面图形绕 y 轴旋转	设旋转体是由区间 $[c,d]$ 上以连续曲线 $x=\varphi(y)$ 为曲边的曲边梯形绕 y 轴旋转一周所成的立体图形，则其体积 V 为 $$V=\pi\int_c^d\varphi^2(y)\mathrm{d}y$$	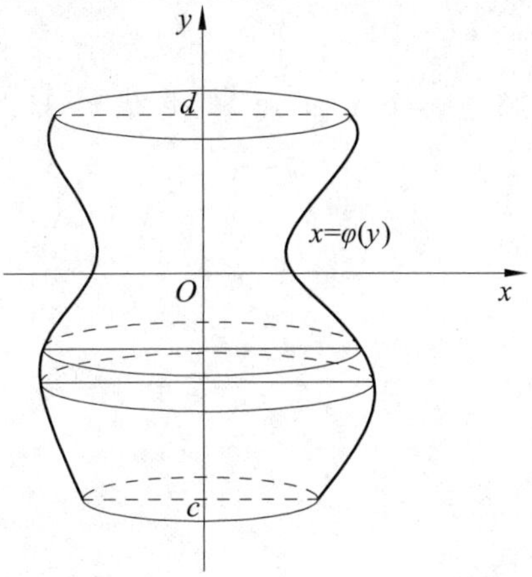

分类	公式	图例
平行截面面积已知的立体体积	设一立体图形位于平面 $x=a,x=b$ 之间，若过点 x 处垂直于 x 轴的平面截此立体得到的截面面积为 $A(x)$，则该立体的体积 V 为 $$V=\int_a^b A(x)\mathrm{d}x$$	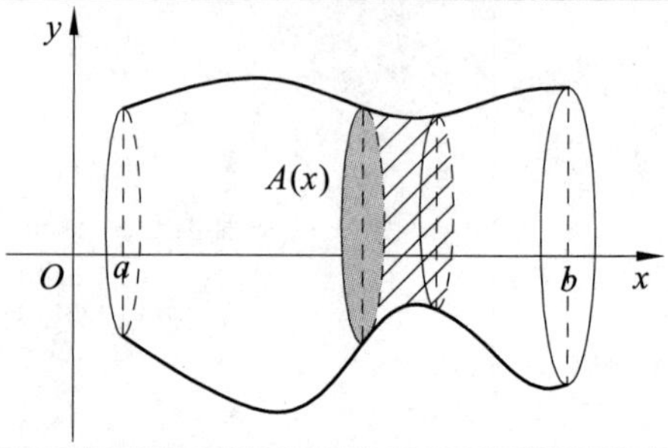

3. 平面曲线的弧长.

分类	公　式
直角坐标系情形	设函数 $y=f(x)$ 在区间 $[a,b]$ 上具有一阶连续导数，则曲线 $y=f(x)$ 相应于区间 $[a,b]$ 的弧长 s 为 $$s=\int_a^b\sqrt{1+(y')^2}\mathrm{d}x$$
极坐标情形	设函数 $\rho(\theta)$ 在区间 $[\alpha,\beta]$ 上具有一阶连续导数，则曲线 $\rho=\rho(\theta)$ 相应于区间 $[\alpha,\beta]$ 的弧长 s 为 $$s=\int_\alpha^\beta\sqrt{\rho^2+(\rho')^2}\mathrm{d}\theta$$

习题 6-2

1. 求下列各曲线所围成的图形的面积.

（1）$y=\dfrac{1}{x}$，$y=x$ 与直线 $x=2$；

（2）$y=\sqrt{x}$ 与 $y=x^2$；

（3）$y=\mathrm{e}^x$，$y=\mathrm{e}^{-x}$ 与直线 $x=1$；

（4）$y=x^3$，$y=x$；

（5）$y=|x|$，$y=x^2-2$；

（6）$(y-1)^2=x+1$，$y=x$；

（7）$y=\sin x$，$y=\sin 2x$ 与直线 $x=0$，$x=\dfrac{\pi}{2}$；（8）$y^2=2x$，$x^2+y^2=8$.

2. 求抛物线 $y=-x^2+4x-3$ 及其在点 $(0,-3)$ 和 $(3,0)$ 处的切线围成的图形的面积.

3. 求心形线 $\rho=a(1-\cos\theta)$ 所围成的图形的面积.

4. 求抛物线 $\rho(1+\cos\theta)=8$ 与直线 $\theta=\pm\dfrac{\pi}{2}$ 所围成的图形的面积.

5. 求曲线 $\rho=2$ 与 $\rho=4\cos\theta$ 所围成的图形的公共部分的面积.

6. 求下列各曲线所围成的平面图形绕定轴旋转所得旋转体的体积.

（1）$y=x^2, x=1, y=0$，绕 x 轴、y 轴旋转；

（2）$x^2+y^2=2$，$y=x^2$，绕 x 轴旋转；

（3） $xy=5, x+y=6$，绕 y 轴旋转；

（4） $x^2+(y-5)^2=16$，绕 x 轴旋转.

7. 一立体的底面为由双曲线 $16x^2-9y^2=144$ 与直线 $x=6$ 所围成的平面图形，且垂直于 x 轴的立体的截面为正方形，求该立体体积.

8. 求下列曲线的弧长.

（1） $y=\dfrac{\sqrt{x}}{3}(3-x)\ (x\in[1,3])$；

（2） $\rho=\mathrm{e}^{a\theta}\ (a>0,\theta\in[1,2])$.

第三节　定积分的物理应用

【本节知识要点】

几种常见的物理应用.

类型	计算方法
变力沿直线做功	设物体在连续变力 $F(x)$ 的作用下沿 x 轴由 $x=a$ 移动到 $x=b$，则在 $[a,b]$ 的任一小区间 $[x,x+\mathrm{d}x]$ 上的变力做功的功微元为 $\mathrm{d}W=F(x)\mathrm{d}x$，因此变力 $F(x)$ 在区间 $[a,b]$ 上所做的功为 $$W=\int_a^b \mathrm{d}W=\int_a^b F(x)\mathrm{d}x$$
液体侧压力及引力	液体侧压力：由于液体的压强只与深度有关，所以对深度作微元，求出压强，然后对深度积分，即可求得物体所受的液体侧压力； 引力：引力 ΔF 方向不变时，直接用引力公式作为微元法中的 $f(x)$，即可求得相应的引力
函数均值 在物理中的应用	物理学中的平均速度、电工学的平均功率等均涉及平均值的问题，可利用函数均值求解，即 $$f_{\text{ave}}=\frac{1}{b-a}\int_a^b f(x)\mathrm{d}x$$

习题 6–3

1. 设把金属杆的长度从 a 拉到 $a+x$ 时需要的力为 $\frac{k}{a}x$（k 为常数），求把金属杆由长度 a 拉到 b 时所做的功.

2. 某物体按规律 $s=2t^3$ 作直线运动，s 表示 t 时间内物体移动的距离，设物体运动时所受介质阻力 f 与速度 v 的平方成正比：$f=\frac{1}{2}v^2$，求物体从 $s=0$ 到 $s=1$ 时，阻力所做的功.

3. 一盛满水的圆柱形水池，底面半径为 5 m、水深为 10 m，若把池中水全部抽干，则需作多少功.

4. 一横放的半径为 R 的圆柱形油桶盛有半桶油，油的密度为 ρ，计算桶的圆形一侧所受的压力.

5. 设有一长为 2 m、质量为 1 kg 的均匀细杆，另有一质量为 10 g 的质点在杆的一端，求细杆对质点的引力（引力系数为 k）.

6. 某电容元件，其两端的电压为 $u(t)=\sqrt{2}U\sin\omega t$，通过的电流为 $i(t)=\sqrt{2}I\cos\omega t$，求该电容元件在一周期内的平均功率.

7. 某物体作初速度为 3 m/s 的竖直下抛运动，求物体前 2 s 时间内的平均速度与 2 s 时的瞬时速度的比值.

第四节　定积分的经济应用

【本节知识要点】

几种常见的经济应用.

<table>
<tr><th>类型</th><th colspan="2">计算方法</th></tr>
<tr><td rowspan="4">已知边际函数求总函数及增量</td><td rowspan="4">设函数 $u(x)$ 的边际函数为 $u'(x)$，由牛顿-莱布尼兹公式可得
$$\int_0^x u'(t)\mathrm{d}t = u(x) - u(0)$$
则有
$$u(x) = \int_0^x u'(t)\mathrm{d}t + u(0)$$
进而函数 $u(x)$ 从 a 到 b 的增量为
$$\Delta u = u(b) - u(a) = \left[\int_0^b u'(t)\mathrm{d}t - \int_0^a u'(t)\mathrm{d}t\right] = \int_a^b u'(t)\mathrm{d}t$$</td><td>若已知边际需求为 $Q'(p)$，则
$$Q(p) = \int_0^p Q'(t)\mathrm{d}t + Q_0$$
$$\Delta Q = \int_a^b Q'(p)\mathrm{d}p$$</td></tr>
<tr><td>若已知边际成本为 $C'(x)$，则
$$C(x) = \int_0^x C'(t)\mathrm{d}t + C_0$$
$$\Delta C = \int_a^b C'(x)\mathrm{d}x$$</td></tr>
<tr><td>若已知边际收益为 $R'(x)$，则
$$R(x) = \int_0^x R'(t)\mathrm{d}t + R_0$$
$$\Delta R = \int_a^b R'(x)\mathrm{d}x$$</td></tr>
<tr><td>若已知边际利润为 $L'(x)$，则
$$L(x) = \int_0^x L'(t)\mathrm{d}t + L_0$$
$$\Delta L = \int_a^b L'(x)\mathrm{d}x$$</td></tr>
<tr><td>收益流的现值和未来值的问题</td><td colspan="2">若一收益流的收益流量为 $R(t)$（元/年），对其以年利率为 r 的连续复利计算，则收益流的现值为
$$R_0 = \int_0^T \mathrm{d}R_0 = \int_0^T R(t)\mathrm{e}^{-rt}\mathrm{d}t$$
收益流的未来值为
$$R_T = \int_0^T \mathrm{d}R_T = \int_0^T R(t)\mathrm{e}^{r(T-t)}\mathrm{d}t$$</td></tr>
</table>

习题 6-4

1. 某产品价格为 p 元时的边际需求为 $Q'(p) = -\frac{1}{3}p$（千克/元），当产品价格在 9 元的基础上增加 2 元时，其需求量会降低多少千克？

2. 已知某企业生产某产品的总成本为 $C(x)=200+2x$，生产 x 件的边际收益为 $R'(x)=10-0.01x$（元/件），该企业生产多少件产品可获利润最大？

3. 已知生产某产品的固定成本为 10 万元，边际成本为 $C'(x)=x^2-5x+40$，边际收益为 $R'(x)=50-2x$（单位：万元/吨），求：

（1）总成本函数、总收益函数、利润函数；

（2）在使得利润最大的产量基础上又多生产一吨，利润的改变量.

4. 设某收益的收益流量为 10 000 元/年，按年利率为 4%的连续复利计算，求其在 8 年期间的现值和未来值.

5. 一对夫妇准备为孩子存款积攒学费，目前银行存款的年利率为 2%，以连续复利计算，若他们打算 10 年后攒够 5 万元，则这对夫妇每年应等额地为孩子存入多少钱？

复习题六

一、选择题.

1. 设函数 $y=f(x)$ 在 $[a,b]$ 上连续，则由曲线 $y=f(x)$，$x=a$，$x=b$ 以及 $y=0$ 所围成的图形的面积 A 为（　　）.

A. $\int_a^b f(x)\mathrm{d}x$　　B. $-\int_a^b f(x)\mathrm{d}x$

C. $\int_a^b |f(x)|\mathrm{d}x$　　D. $\left|\int_a^b f(x)\mathrm{d}x\right|$

2. 设由椭圆 $\dfrac{x^2}{a^2}+\dfrac{y^2}{b^2}=1$ 所围成的图形绕 x 轴及 y 轴旋转而成的旋转体体积分别为 V_1,V_2，则 V_1 与 V_2 的关系为（　　）.

A. $V_1=V_2$　　B. $\dfrac{V_1}{V_2}=\dfrac{a}{b}$

C. $\dfrac{V_1}{V_2}=\dfrac{b}{a}$　　D. 以上都不对

3. 曲线 $y=\dfrac{x^2}{2}$ 与 $x^2+y^2=8$ 所围成的图形面积 A 为（　　）.

A. $\int_{-2}^{2}\left(\dfrac{x^2}{2}-\sqrt{8-x^2}\right)\mathrm{d}x$　　B. $\int_{-2}^{2}\left(\sqrt{8-x^2}-\dfrac{x^2}{2}\right)\mathrm{d}x$

C. $\int_{-1}^{1}\left(\dfrac{x^2}{2}-\sqrt{8-x^2}\right)\mathrm{d}x$　　D. $\int_{-1}^{1}\left(\sqrt{8-x^2}-\dfrac{x^2}{2}\right)\mathrm{d}x$

4. 由一阶连续可导函数 $y=f(x)$ 在区间 $[a,b]$ 上的弧长公式 $s=\int_a^b\sqrt{1+(y')^2}\,\mathrm{d}x$ 推导参数方程 $\begin{cases}x=\varphi(t)\\y=\psi(t)\end{cases}$ 在区间 $[\alpha,\beta]$ 上的弧长公式，公式为（　　）.

A. $s=\int_\alpha^\beta\sqrt{1+[\varphi'(t)]^2}\,\mathrm{d}t$　　B. $s=\int_\alpha^\beta\sqrt{1+[\psi'(t)]^2}\,\mathrm{d}t$

C. $s=\int_\alpha^\beta\sqrt{\varphi'(t)+\psi'(t)}\,\mathrm{d}t$　　D. $s=\int_\alpha^\beta\sqrt{[\varphi'(t)]^2+[\psi'(t)]^2}\,\mathrm{d}t$

二、填空题.

1. 令 $A_1=\int_{-\frac{\pi}{2}}^{\pi}\cos x\mathrm{d}x$，$A_2=\int_{-\frac{\pi}{2}}^{\pi}|\cos x|\mathrm{d}x$，则 A_1 与 A_2 的关系为________.

2. 曲线 $f(x)=x\ln x$ 在区间 $[1,\mathrm{e}]$ 内的平均高度为__________.

3. 交流电路中，已知电动势 E 为时间 t 的函数 $E=E_0\sin\dfrac{2\pi}{T}t$，则它在半个周期内的平均电动势为___________.

4. 已知某公司每 x 年的边际利润 $L'(x)=25-x^2$（万元/年），该公司停产时，其总利润为___________.

三、有一立体，以长半轴 $a=10$、短半轴 $b=5$ 的椭圆为底，而垂直于长轴的截面都是等边三角形，求其体积.

四、求曲线 $\rho=1$ 与 $\rho=1-\cos\theta$ 所围成的图形的公共部分的面积.

五、设平面图形 D 由抛物线 $y=1-x^2$ 和 x 轴围成，求：
（1）D 的面积；
（2）D 绕 x 轴旋转所得旋转体的体积；
（3）D 绕 y 轴旋转所得旋转体的体积；
（4）抛物线 $y=1-x^2$ 在 x 轴上方的曲线段的弧长.

六、求曲线 $\rho=a\theta\ (a>0,\theta\in[0,2\pi])$ 的弧长.

七、一盛满水的锥形储水池，口径为 20 m、深为 15 m，若把池中水全部抽干，则需作多少功.

八、等腰三角形薄板竖直沉入水中，其底长为 $2a$、高为 h，底与水平面相齐.

（1）求薄板一侧所受的水压力；

（2）翻转薄板，使其顶点与水平面相齐，底平行于水平面，求水对薄板压力的增加量.

九、设生产某产品固定成本为 1 万元，边际成本和边际收益（单位：万元/百台）分别为

$$C'(x)=4+\frac{1}{4}x\,,\quad R'(x)=8-x$$

（1）产量由 1 百台增加到 5 百台，总成本、总收益各增加多少万元？

（2）产量为多少台时，利润最大？

（3）求利润最大时的总成本、总收益以及利润.

十、某实验室准备采购一台仪器，其使用寿命为 15 年，这台仪器的现价为 100 万元. 如果租用该仪器每月需支付租金 1 万元，资金的年利率为 5%，以连续复利计算，判断：是购买仪器划算还是租用仪器划算？

第七章　微分方程

【本章知识结构图】

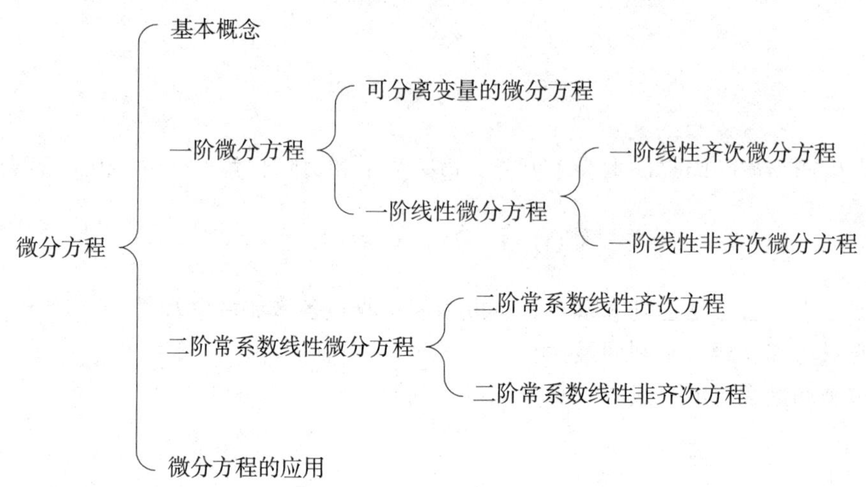

第一节　微分方程的基本概念

【本节知识要点】

定义 1　一般地，联系自变量、未知函数以及未知函数导数的方程称为微分方程. 其中未知函数的导数必须出现，而自变量和未知函数则可以不必出现. 若未知函数为一元函数，则称为常微分方程；若未知函数为多元函数，则称为偏微分方程.

定义 2　微分方程中未知函数的最高阶导数的阶数，称为微分方程的阶.

定义 3　如果在区间 I 上，函数 $y=\varphi(x)$ 有直到 n 阶的连续导数，且对一切 $x\in I$，有 $F(x,\varphi(x),\varphi'(x),\cdots,\varphi^{(n)}(x))\equiv 0$，则称函数 $y=\varphi(x)$ 为微分方程的一个解. 若解 $y=\varphi(x;C_1,\cdots,C_n)$ 包含 n 个独立的任意常数 $C_1,\cdots,C_n$（所谓独立，简单来说，就是指它们不能合并而减少任意常数的个数），则称这个解为微分方程的通解或一般解；若方程的解中不含任何任意常数，则称为特解. 若通解用隐函数方程来表示，则称为隐式通解或通积分；若特解用隐函数形式来表示，则称为隐式特解.

定义 4　形如

$$y(x_0)=y_0,\ y'(x_0)=y_1,\ \cdots,\ y^{(n-1)}(x_0)=y_{n-1}$$

的定解条件称为初始值条件（简称初值条件），其中 x_0 为自变量所取的某个定值，而 $y_0,y_1,\cdots,y_{n-1}$ 是相应的未知函数及各阶导数的给定值. 微分方程与其初始条件相结合就形成了初始值问题

$$\begin{cases}F(x,y,y',\cdots,y^{(n)})=0\\ y(x_0)=y_0,y'(x_0)=y_1,\cdots,y^{(n-1)}(x_0)=y_{n-1}\end{cases}$$

习题 7-1

1. 指出下列微分方程的阶数，并说明是否为线性微分方程.

（1）$x(y')^2+3xy-x^4=0$；

（2）$y''+2x^2(y')^3+xy=x^4+1$；

（3）$y''-3y'-4y=\mathrm{e}^x$；

（4）$xy^{(5)}-2xy'''+3xy'=x\sin x$；

（5）$y'''-x\cos y+x^2=0$；

（6）$(3-2\mathrm{e}^x)\mathrm{d}y=y\arcsin x\mathrm{d}x$；

（7）$x^3y^{(6)}-(y''')^2+\cos y^2=\mathrm{e}^{3x}$；

（8）$y^{(4)}-5xy'''+6y''-\mathrm{e}^xy=0$.

2. 验证下列各式中函数是否为所给微分方程的通解或特解：

（1）$y''=3x^2-\sin x,\ y=x^4-2$；

（2）$x\mathrm{d}y + y\mathrm{d}x = 0,\ y = \dfrac{C}{x}$；

（3）$y'' - 3y' - 4y = 0, y = \mathrm{e}^{4x}$；

（4）$(x + y^3)\mathrm{d}y = y\mathrm{d}x,\ x = \dfrac{1}{2}y^3 + Cy$；

（5）$y'' - 4y' + 4y = \mathrm{e}^x,\ y = C_1 x\mathrm{e}^{2x} + C_2\mathrm{e}^x$.

3. 一条曲线通过点 $(1,2)$，且在该曲线上任一点 (x, y) 处的切线的斜率为 $2x$，求这条曲线的方程.

第二节　一阶微分方程

【本节知识要点】

定义 1　一般地，通过分离变量可化为形如

$$g(y)\mathrm{d}y = f(x)\mathrm{d}x$$

的方程称为可分离变量的微分方程.

定义 2　形如

$$\frac{\mathrm{d}y}{\mathrm{d}x} + P(x)y = Q(x)$$

的方程称为一阶线性微分方程.

定义 3　对于一阶线性齐次微分方程，当 $Q(x)\equiv 0$ 时，称方程

$$\frac{\mathrm{d}y}{\mathrm{d}x}+P(x)y=0$$

为一阶线性非齐次方程.

一阶线性齐次方程的解法：一阶线性齐次微分方程是一个变量分离方程，分离变量后积分得

$$\int\frac{\mathrm{d}y}{y}+\int P(x)\mathrm{d}x=\ln|y|+\int P(x)\mathrm{d}x=\ln C$$

即齐次方程的通解为

$$y=C\mathrm{e}^{-\int P(x)\mathrm{d}x}$$

定义 4　若 $Q(x)$ 不恒为零，则称为一阶线性非齐次方程，$Q(x)$ 称为非齐次项.

一阶线性非齐次方程采用“常数变易法”求解.

习题 7-2

1. 求下列微分方程的通解：（选做 2 题）

（1）$(1+x^2)\mathrm{d}y=2xy\mathrm{d}x$；　　（2）$xy\mathrm{d}x-\sqrt{1-x^2}\mathrm{d}y=0$；

（3）$\dfrac{\mathrm{d}y}{\mathrm{d}x}=y^2\cos x$；　　（4）$(\mathrm{e}^x+1)y'=y\mathrm{e}^x$；

（5）$xy'=(x-1)y$；　　（6）$(xy^2+x)\mathrm{d}x-(y-x^2y)\mathrm{d}y=0$；

（7）$y'=\dfrac{x(1+y^2)}{y(1+x^2)}$；　　（8）$\dfrac{\mathrm{d}y}{\mathrm{d}x}=\dfrac{\cos x}{3y^2+\mathrm{e}^y}$.

2. 求下列微分方程满足初始条件的特解：（选做2题）

（1）$xy'=1-2x^2,\ y|_{x=1}=1$；

（2）$\dfrac{\mathrm{d}x}{y}+\dfrac{\mathrm{d}y}{x}=0,\ y|_{x=3}=4$；

（3）$y'=\mathrm{e}^{2x-y},\ y|_{x=0}=0$；

（4）$y\ln x\mathrm{d}x+x\ln y\mathrm{d}y=0,\ y\big|_{x=1}=\mathrm{e}^2$.

3. 求下列微分方程的通解：（选做2题）

（1）$y'+2y=1$；

（2）$y'+y=\mathrm{e}^{-x}$；

（3）$\dfrac{\mathrm{d}y}{\mathrm{d}x}+\dfrac{y}{x}=\sin x$；

（4）$\dfrac{\mathrm{d}y}{\mathrm{d}x}-\dfrac{2y}{x}=x^2\mathrm{e}^x$；

（5）$y'-y-2x\mathrm{e}^x=0$；

（6）$y'+y\cos x=\mathrm{e}^{-\sin x}$；

（7）$\dfrac{\mathrm{d}y}{\mathrm{d}x}-\dfrac{2y}{x+1}=(x+1)^{\frac{5}{2}}$；

（8）$2y\mathrm{d}x+(y^2-6x)\mathrm{d}y=0$.

4. 求下列微分方程满足初始条件的特解：（选做2题）

（1）$y'-y-\mathrm{e}^x=0,\ y|_{x=0}=1$；

（2）$y'-y\tan x=\sec x,\ y|_{x=0}=0$；

（3）$xy'+y=\sin x,\ y\big|_{x=\pi}=1$；

（4）$x\dfrac{\mathrm{d}y}{\mathrm{d}x}=3-y,\ y|_{x=1}=0$；

（5）$xy'-2y=x^3\mathrm{e}^x,\ y|_{x=1}=0$；

（6）$x^2\mathrm{d}y=(x-2xy-1)\mathrm{d}x,\ y|_{x=1}=0$.

5. 求过原点且在点 (x,y) 处切线斜率等于 $2x+y$ 的曲线方程.

6. 某公司的年利润 L 随广告费 x 而变化，其变化率为 $L'(x)=5-2(L+x)$，且当 $x=0$ 时 $L=10$，求年利润 L 与广告费 x 之间的函数关系.

第三节　二阶常系数线性微分方程

【本节知识要点】

定理 1（叠加原理）　如果函数 $y_1(x)$，$y_2(x)$ 是方程 $y''+P(x)y'+Q(x)y=0$ 的两个解，则它们的线性组合 $y=C_1y_1+C_2y_2$ 也是方程 $y''+P(x)y'+Q(x)y=0$ 的解，其中 C_1,C_2 是任意常数.

定理 2（二阶齐次线性微分方程通解结构定理）　如果函数 $y_1(x)$，$y_2(x)$ 是方程 $y''+P(x)y'+Q(x)y=0$ 的两个线性无关的特解（即函数 $y_1(x)$，$y_2(x)$ 的比不恒为常数），则函数

$$y=C_1y_1+C_2y_2$$

就是方程 $y''+P(x)y'+Q(x)y=0$ 的通解，其中 C_1,C_2 是任意常数.

定理 3　如果 y_1,y_2 是非齐次线性微分方程 $y''+P(x)y'+Q(x)y=f(x)$ 的任意两个解，则 y_1-y_2 是齐次线性微分方程的解.

主要微分方程通解形式：

一阶线性微分方程.

	形式	通解
齐次	$y'+P(x)y=0$	$y=Ce^{-\int P(x)\mathrm{d}x}$
非齐次	$y'+P(x)y=Q(x)$	$y=e^{-\int P(x)\mathrm{d}x}\left[C+\int Q(x)e^{\int P(x)\mathrm{d}x}\mathrm{d}x\right]$

二阶常系数线性齐次方程：$y''+py'+qy=0$.

特征方程 $r^2+pr+q=0$ 的两个根 r_1,r_2	微分方程 $y''+py'+qy=0$ 的通解
两个不相等的实数根 r_1,r_2	$y=C_1e^{r_1x}+C_2e^{r_2x}$
两个相等的实数根 $r_1=r_2=r$	$y=(C_1+C_2x)e^{rx}$
一对共轭复数根 $r_{1,2}=\alpha\pm i\beta$	$y=e^{\alpha x}(C_1\cos\beta x+C_2\sin\beta x)$

二阶常系数线性非齐次方程：$y''+py'+qy=f(x)$.

通解形式：$y=$ 对应齐次方程通解 $+y^*$.

自由项 $f(x)$	方程 $y''+py'+qy=f(x)$ 的特解 y^* 的形式
$f(x)=P_n(x)$（$P_n(x)$ 为 x 的 n 次多项式）	$y^*=x^kQ_n(x)$，其中 $Q_n(x)$ 与 $P_n(x)$ 是同次多项式， $k=\begin{cases}0, & q\neq 0(r=0\text{ 为非特征根})\\1, & q=0,p\neq 0(r=0\text{ 为特征单根})\\2, & q=0,p=0(r=0\text{ 为特征重根})\end{cases}$
$f(x)=Ae^{\alpha x}$（A,α 为常数）	$y^*=Bx^ke^{\alpha x}$，其中 B 为待定常数， $k=\begin{cases}0, & \text{若}\alpha\text{不是 } r^2+pr+q=0\text{ 的根}\\1, & \text{若}\alpha\text{是 } r^2+pr+q=0\text{ 的单根}\\2, & \text{若}\alpha\text{是 } r^2+pr+q=0\text{ 的重根}\end{cases}$
$f(x)=e^{\alpha x}(A\cos\beta x+B\sin\beta x)$ （A,B,α,β 为常数）	$y^*=x^ke^{\alpha x}(C\cos\beta x+D\sin\beta x)$，其中 C,D 为待定常数， $k=\begin{cases}0, & \text{若}\alpha+\beta i\text{ 不是 } r^2+pr+q=0\text{ 的根}\\1, & \text{若}\alpha+\beta i\text{ 是 } r^2+pr+q=0\text{ 的根}\end{cases}$

习题 7–3

1. 下列已知函数组中哪些是线性相关的？哪些是线性无关的？

（1）$2x,\ x^2$；　　（2）$\ln\frac{1}{x},\ln x^2$；

（3）e^{2x},e^{-3x}；　　（4）$\sin x,\cos x$；

（5）$\arcsin x, \pi - 2\arccos x$；

（6）xe^x, e^x.

2. 求下列微分方程的通解.（选做 2 题）

（1）$y'' - y = 0$；

（2）$y'' - 4y' = 0$；

（3）$y'' + 4y' - 5y = 0$；

（4）$y'' - 4y' + 4y = 0$；

（5）$y'' + 8y' + 16y = 0$；

（6）$y'' - 2y' + 2y = 0$；

（7）$y'' + 9y = 0$；

（8）$y'' + 4y' + 5y = 0$；

（9）$2y'' - y' + \frac{1}{8}y = 0$.

3. 求下列微分方程的特解.（选做 2 题）

（1）$y'' - 4y' + 3y = 0,\ y|_{x=0} = 6,\ y'|_{x=0} = 10$；

（2）$4y'' + 4y' + y = 0,\ y|_{x=0} = 2,\ y'|_{x=0} = 0$；

（3）$y'' - 6y' + 9y = 0,\ y|_{x=0} = 1,\ y'|_{x=0} = 2$；

（4）$y'' - 4y' + 13y = 0,\ y|_{x=0} = 1,\ y'|_{x=0} = -1$；

（5）$y'' + 25y = 0,\ y|_{x=0} = 1,\ y'|_{x=0} = 5$.

4. 求下列微分方程的通解.（选做 2 题）

（1）$y''+y'-2y=2e^x$；

（2）$2y''+5y'=2x^2-2x-1$；

（3）$y''+2y'+y=5e^{-x}$；

（4）$y''-4y'+4y=e^{-2x}$；

（5）$y''-y'=7e^{-x}$；

（6）$y''-y=e^{2x}$；

（7）$y''-6y'+9y=e^{3x}$；

（8）$2y''+y'-y=2e^x$；

（9）$y''-y=4\sin x$；

（10）$y''-2y'+5y=\cos 2x$.

5. 求下列微分方程满足初始条件的特解.

（1）$y''-3y'+2y=5,\ y|_{x=0}=1,\ y'|_{x=0}=2$；

（2）$y''-y'=4xe^x,\ y|_{x=0}=0,\ y'|_{x=0}=1$.

第四节 应用问题

习题 7–4

1. 一曲线在点 (x,y) 处的切线斜率等于 $2x+y$，并且该曲线通过原点，求此曲线的方程.

2. 某车间体积为 12 000 立方米，开始时空气中含有 0.1%的二氧化碳，为了降低车间内空气中二氧化碳的含量，用一台风量为每分钟 2000 立方米的鼓风机通入含 0.03%的二氧化碳的新鲜空气，同时以同样的风量将混合均匀的空气排出. 问鼓风机开动 6 分钟后，车间内二氧化碳的百分比降低到了多少？

3. 某水塘原有 50 000 t 清水（不含有害杂质），从时间 $t=0$ 开始，含有 5%有害杂质的浊水流入该水塘，流入的速度为 2 t/min，在塘中充分混合（不考虑沉淀）后又以 2 t/min 的速度流出水塘. 问经过多长时间后塘中有害物质的浓度达到 4%？并分析塘中有害物质的最终浓度是多少？

4. 设一个由电阻 $R=10$ 欧，电感 $L=2$ 亨和电源电压 $E=20\sin 5t$ 伏串联成的电路. 开关 K 闭合后，电路中有电流通过，求电流 I 与时间 t 的函数关系.

复习题七

一、填空题.

1．微分方程中____________________________称为微分方程的阶.

2．____________________________________称为微分方程的解.

3．如果微分方程的解中含有任意常数，且________________________与相同，这样的解称为微分方程的通解.

4．微分方程的通解中，利用初始条件确定任意常数的取值，所得到的解称为该微分方程的____________.

5．$\dfrac{dy}{dx}=y^2\cos x$ 的阶数是________；$(e^{x+y}+e^x)dx+(e^{x+y}+e^y)dy=0$ 的阶数是________；$y^3y''-1=0$ 的阶数是________.

6．根据特征根求解微分方程 $y''+py'+qy=0$ 的通解.

特征方程 $r^2+pr+q=0$ 的两个根 r_1,r_2	对应微分方程 $y''+py'+qy=0$ 的通解
$r_1\neq r_2$ 为两个不相等实根	
$r_1=r_2$ 为两个相等实根	
r_1,r_2 为一对共轭复根	

二、选择题.

1．微分方程 $\tan x\dfrac{dy}{dx}-y=0$ 的通解为（　　）.

A．$y=\sin x+C$　　　B．$y=\cos x+C$

C．$y=C\sin x$　　　D．$y=C\cos x$

2．下列微分方程中，是可分离变量方程的是（　　）.

A．$\dfrac{dy}{dx}=xy+1$　　　B．$\dfrac{dy}{dx}=e^{x+y}$

C．$dy+ydx=e^{-x}dx$　　　D．$y'=x+y$

3．微分方程 $xy'=2y$ 的通解为（　　）.

A．$y=Cx^2$　　　B．$y=x^2+C$

C．$y=Cx$　　　D．$y=x+C$

4．微分方程 $y'-\dfrac{2}{x+1}y=0$ 的通解是（　　）.

A．$y=C(x+1)^2$　　　B．$y=(x+1)^2+C$

C．$y=2(x+1)^2+C$　　　D．$y=(x+1)^2$

5．微分方程 $x\dfrac{dy}{dx}-y\ln y=0$ 的通解是（　　）.

A．$\ln y=Cx$　　　B．$y=Ce^x$

C．$y=Cx$　　　D．$\ln y=\ln x+\ln C$

6．已知 $y''-2y'-3y=0$，则该微分方程的通解为（　　）.

A. $C_1e^{-x}+C_2e^{3x}$　　B. $C_1e^{x}+C_2e^{-3x}$

C. $C_1e^{-x}+C_2e^{-3x}$　　D. $C_1e^{x}+C_2e^{3x}$

7. 方程 $y''-4y'+4y=0$ 的两个线性无关的解为（　　）.

A. $e^{2x},e^{2x}+1$　　B. e^{2x},Ce^{2x}

C. e^{2x},xe^{2x}　　D. $3e^{2x},-e^{2x}$

8. 微分方程 $y''+y=1$ 的通解是（　　）.

A. $y=C\cos x+1$，其中 C 为任意常数

B. $y=C\sin x+1$，其中 C 为任意常数

C. $y=C_1\cos x+C_2\sin x+1$，其中 C_1,C_2 为任意常数

D. $y=C_1\cos x+C_2\sin x-1$，其中 C_1,C_2 为任意常数

9. 对于微分方程 $y''=\sin x$ 来说，函数 $y=C+x-\sin x$（C 表示任意常数）(　　).

A. 是通解　　B. 是特解

C. 是解，但不是特解，也不是通解　　D. 不是解

10. 对于微分方程 $y'''+y'=0$ 来说，函数 $y=C-\sin x$（其中 C 为任意常数）(　　).

A. 是通解　　B. 是特解

C. 是解，但不是通解，也不是特解　　D. 不是解

11. 已知 $y_1(x)$ 和 $y_2(x)$ 是二阶齐次线性微分方程 $y''+P(x)y'+Q(x)y=0$ 的两个线性无关的特解，则下列说法正确的是（　　）.

A. $y=C_1y_1(x)$ 是该方程的通解，其中 C_1 为任意常数

B. $y=C_1y_1(x)+C_2y_2(x)$ 是该方程的通解，其中 C_1,C_2 为任意常数

C. $y=C_1y_1(x)+C_2y_2(x)$ 不是该方程的解，其中 C_1,C_2 为任意常数

D. 以上说法都不对

三、计算题.

1. 求下列微分方程的通解.（选做 2 题）

（1）$(1+y^2)dx-(xy+x^3y)dy=0$；　　（2）$e^{y^2+3x}dx-ydy=0$；

（3）$(e^{x+y}+e^x)dx+(e^{x+y}+e^y)dy=0$；　　（4）$\dfrac{dy}{dx}=y^2\cos x$；

（5）$y'\sin y\cos x+\cos y\sin x=0$.

2. 求下列微分方程满足初始条件的特解.（选做 2 题）

（1）$y' = 2xy, y|_{x=0} = 1$;

（2）$(1+x^2)y' = \arctan x, y|_{x=0} = 0$;

（3）$\cos y\mathrm{d}x - (1+\mathrm{e}^{-x})\sin y\mathrm{d}y = 0, y|_{x=0} = \dfrac{\pi}{4}$;

（4）$(x^2-4)y' = 2xy, y|_{x=0} = 1$.

3. 求下列微分方程的通解.

（1）$y' + y = \mathrm{e}^{-x}$;

（2）$\dfrac{\mathrm{d}y}{\mathrm{d}x} + 2xy = 4x$.

4. 求下列微分方程的通解.

（1）$y' = \dfrac{y}{x} + \mathrm{e}^{\frac{y}{x}}$;

（2）$xy' - x\sin\dfrac{y}{x} - y = 0$.

四、验证 $y_1 = \cos 2x$ 及 $y_2 = \sin 2x$ 是方程 $y'' + 4y = 0$ 的两个解，并写出该方程的通解.

五、验证 $y_1 = x^3$，$y_2 = x^4$ 是方程 $x^2y'' - 6xy' + 12y = 0$ 的两个解，并求满足初始条件 $y\big|_{x=1} = -1, y'\big|_{x=1} = -6$ 的特解.

六、证明下列函数是相应微分方程的通解：

1. $y = C_1x + C_2(x^2 - 1)$（C_1, C_2 是任意常数)是方程 $(x^2+1)y'' - 2xy' + 2y = 0$ 的通解；
2. $y = C_1\mathrm{e}^x + C_2\mathrm{e}^{2x} + \dfrac{1}{12}\mathrm{e}^{5x}$（$C_1, C_2$ 是任意常数)是方程 $y'' - 3y' + 2y = \mathrm{e}^{5x}$ 的通解.

部分习题答案详解

第一章　函数与极限

习题 1-1

2.（1）因为$\begin{cases}25-x^2\geqslant 0\\ x^2-9\neq 0\end{cases}$，所以

$$-5\leqslant x\leqslant 5 \text{ 且 } x\neq \pm 3$$

故定义域为$[-5,-3)\cup(-3,3)\cup(3,5]$.

4.（1）
$$f(-x)=2(-x)-3(-x)^3=-(2x-3x^3)=-f(x)$$
所以$f(x)$是奇函数.

7.（1）$y=3^u$，$u=x^2$.

11. 设总造价为R，底面边长为x，水池高为y，单位面积造价为 1，则

$$R=2x^2+\frac{4V}{x}$$

12. 设个人月收入为x，月纳税金额为y，则

$$y=\begin{cases}0, & x\leqslant 3500\\ (x-3500)\times 3\%, & 3500<x\leqslant 5000\\ 45+(x-5000)\times 10\%, & 5000<x\leqslant 8000\\ 345+(x-8000)\times 20\%, & 8000<x\leqslant 9000\end{cases}$$

习题 1-2

2.
$$\lim_{x\to 0^-}f(x)=-1,\quad \lim_{x\to 0^+}f(x)=1$$
故$\lim\limits_{x\to 0}f(x)$不存在.

3.
$$\lim_{x\to 0^-}f(x)=\lim_{x\to 0^-}\frac{-x}{x}=-1,\quad \lim_{x\to 0^+}f(x)=\lim_{x\to 0^+}\frac{x}{x}=1$$
故$\lim\limits_{x\to 0}f(x)$不存在.

4.
$$\lim_{x\to 0^-}f(x)=\lim_{x\to 0^-}-x=0,\quad \lim_{x\to 0^+}f(x)=\lim_{x\to 0^+}(x+1)=1$$
故$\lim\limits_{x\to 0}f(x)$不存在.

习题 1-3

1.（1）$\lim\limits_{x\to1}(x^2-4x+5)=1^2-4\times1+5=2$；

（3）$\lim\limits_{x\to1}\dfrac{x^2-4}{x-2}=\lim\limits_{x\to1}(x+2)=3$.

3.（1）$\lim\limits_{x\to a}\dfrac{x^2-(a+1)x+a}{x^3-a^3}=\lim\limits_{x\to a}\dfrac{(x-a)(x-1)}{(x-a)(x^2+ax+a^2)}=\dfrac{a-1}{3a^2}$；

（3）$\lim\limits_{x\to\infty}\dfrac{3x^2-4}{2x^2-1}=\lim\limits_{x\to\infty}\dfrac{3-\dfrac{4}{x^2}}{2-\dfrac{1}{x^2}}=\dfrac{3}{2}$.

4.（1）$\lim\limits_{n\to\infty}\left[\dfrac{1}{1\times2}+\dfrac{1}{2\times3}+\dfrac{1}{3\times4}+\cdots+\dfrac{1}{n\times(n+1)}\right]$

$=\lim\limits_{n\to\infty}\left(1-\dfrac{1}{2}+\dfrac{1}{2}-\dfrac{1}{3}+\cdots+\dfrac{1}{n}-\dfrac{1}{n+1}\right)$

$=\lim\limits_{n\to\infty}\left(1-\dfrac{1}{n+1}\right)=1.$

习题 1-4

1.（1）$\lim\limits_{x\to0}\dfrac{\sin3x}{2x}=\lim\limits_{x\to0}\dfrac{\sin3x}{3x}\cdot\dfrac{3}{2}=\dfrac{3}{2}$；

（3）$\lim\limits_{x\to-2}\dfrac{\sin(x+2)}{x^2-x-6}=\lim\limits_{x\to-2}\dfrac{\sin(x+2)}{(x+2)(x-3)}=-\dfrac{1}{5}$；

（5）$\lim\limits_{x\to+\infty}x\cdot\sin\dfrac{\pi}{x}=\lim\limits_{x\to+\infty}\dfrac{\sin\dfrac{\pi}{x}}{\dfrac{\pi}{x}}\cdot\pi=\pi$；

（7）$\lim\limits_{x\to\pi}\dfrac{\sin x}{x-\pi}=\lim\limits_{x\to\pi}\left(-\dfrac{\sin(x-\pi)}{x-\pi}\right)=-1$.

2.（1）$\lim\limits_{x\to\infty}\left(1+\dfrac{1}{x}\right)^{5x}=\lim\limits_{x\to\infty}\left[\left(1+\dfrac{1}{x}\right)^{x}\right]^5=\mathrm{e}^5$；

（2）$\lim\limits_{x\to\infty}\left(1+\dfrac{1}{3x}\right)^{x}=\lim\limits_{x\to\infty}\left[\left(1+\dfrac{1}{3x}\right)^{3x}\right]^{\frac{1}{3}}=\mathrm{e}^{\frac{1}{3}}$；

（5）$\lim\limits_{x\to\infty}\left(1-\dfrac{1}{x}\right)^{-3x}=\lim\limits_{x\to\infty}\left[\left(1+\dfrac{1}{-x}\right)^{-x}\right]^3=\mathrm{e}^3$；

（8）$\lim\limits_{x\to\infty}\left(\dfrac{2-x}{3-x}\right)^{x}=\lim\limits_{x\to\infty}\left(1+\dfrac{1}{2-x}\right)^{-x}=\lim\limits_{x\to\infty}\left(1+\dfrac{1}{2-x}\right)^{2-x}\cdot\left(1+\dfrac{1}{2-x}\right)^{-2}=\mathrm{e}$；

（9）$\lim\limits_{x\to0}(1+\sin x)^{\csc x}=\lim\limits_{x\to0}(1+\sin x)^{\frac{1}{\sin x}}=\mathrm{e}$．

习题 1-5

1.（1）因为 $\lim\limits_{x\to0}\dfrac{1+2x}{x^2}=\infty$，所以为无穷大；

（2）因为 $\lim\limits_{x\to0}3\sin x\cos x=0$，所以为无穷小.

3.（1）$\lim\limits_{x\to0}\dfrac{\tan3x}{\sin2x}=\lim\limits_{x\to0}\dfrac{3x}{2x}=\dfrac{3}{2}$；

（3）$\lim\limits_{x\to0}x\cdot\cos\dfrac{1}{x}=0$；

（5）$\lim\limits_{x\to0}\dfrac{\ln(1+3x)}{x}=\lim\limits_{x\to0}\dfrac{3x}{x}=3$．

4.（1）$\lim\limits_{x\to1}\dfrac{x^2-1}{\dfrac{x-1}{x}}=\lim\limits_{x\to1}x(x+1)=2$，

故当 $x\to1$ 时，x^2-1 与 $\dfrac{x-1}{x}$ 是同阶无穷小.

习题 1-6

2. $\Delta y=f(2+0.5)-f(2)=0.75$．

4. $\lim\limits_{x\to0^-}\arctan\dfrac{1}{x}=-\dfrac{\pi}{2}$，$\lim\limits_{x\to0^+}\arctan\dfrac{1}{x}=\dfrac{\pi}{2}$，

左右极限存在，但不相等，故 $x=0$ 是函数 $y=\arctan\dfrac{1}{x}$ 的第一类间断点.

6.（1）$\lim\limits_{x\to1}\dfrac{x+5}{\sqrt{x^2-2x+10}}=\dfrac{6}{3}=2$；

（3）$\lim\limits_{x\to0}\dfrac{\mathrm{e}^x-1}{x}=\lim\limits_{x\to0}\dfrac{x}{x}=1$；

（5）$\lim\limits_{x\to1}\sqrt{\dfrac{x-1}{x^2-1}}=\lim\limits_{x\to1}\sqrt{\dfrac{1}{x+1}}=\dfrac{\sqrt{2}}{2}$；

（7）$\lim\limits_{x\to\frac{1}{2}}\ln\arcsin x=\ln\dfrac{\pi}{6}$．

复习题一

一、1. ×； $f(-x)=(-x)^2\sin(-x)=-x^2\sin x=-f(x)$，故 $f(x)$ 是奇函数.

2. ×；如 $f(x)=|x|$ 是分段函数，但没有间断点.

二、1. 由于

$$\lim_{x\to\infty}\frac{\sin x}{x}=0,\quad \lim_{x\to 1}\frac{\sin x}{x}=\sin 1,\quad \lim_{x\to\infty}x\sin\frac{1}{x}=\lim_{x\to\infty}\frac{\sin\frac{1}{x}}{\frac{1}{x}}=1,\quad \lim_{x\to 0}x\sin\frac{1}{x}=0$$

故选 C.

6. 由于 $\lim\limits_{x\to 1^-}f(x)=2$，$\lim\limits_{x\to 1^+}f(x)=-1$，极限不存在，故选 D.

7. 由于 $\lim\limits_{n\to\infty}\left[\frac{1}{1\times 2}+\frac{1}{2\times 3}+\cdots+\frac{1}{n(n+1)}\right]=\lim\limits_{n\to\infty}\left(1-\frac{1}{n+1}\right)=1$，故选 B.

10. 由于 $\lim\limits_{x\to 1}\left(\frac{1}{1-x}-\frac{3}{1-x^3}\right)=\lim\limits_{x\to 1}\left(-\frac{x+2}{1+x+x^2}\right)=-1$，故选 D.

三、1. $\lim\limits_{n\to\infty}\frac{2n^3+6n}{5n^3+4n-1}=\lim\limits_{n\to\infty}\frac{2+\frac{6}{n^2}}{5+\frac{4}{n^2}-\frac{1}{n^3}}=\frac{2}{5}$；

3. $\lim\limits_{x\to 1}\frac{x^3-1}{x^4-1}=\lim\limits_{x\to 1}\frac{x^2+x+1}{(x^2+1)(x+1)}=\frac{3}{4}$.

四、1. $\lim\limits_{x\to 0}\frac{\tan 7x}{\sin 8x}=\lim\limits_{x\to 0}\frac{7x}{8x}=\frac{7}{8}$.

五、1. $y=\mathrm{e}^u,u=\sin v,v=3x$.

八、$\lim\limits_{x\to 0^-}f(x)=\lim\limits_{x\to 0^-}(2.1x+84)=84$，$\lim\limits_{x\to 0^+}f(x)=\lim\limits_{x\to 0^+}(4.2x+420)=420$.

由于 $\lim\limits_{x\to 0^+}f(x)\neq\lim\limits_{x\to 0^-}f(x)$，所以函数 $f(x)$ 在点 $x=0$ 处不连续，冰水混合物在 0 °C 时只吸收热量，不改变温度.

第二章　导数与微分

习题 2–1

1.（1）$\bar{v}=\frac{\Delta s}{\Delta t}=\frac{[(2+\Delta t)^2+1]-[2^2+1]}{\Delta t}=\frac{4\Delta t+\Delta t^2}{\Delta t}=4+\Delta t$.

2.（1） $f'(x)=\lim\limits_{\Delta x\to 0}\dfrac{f(x+\Delta x)-f(x)}{\Delta x}=\lim\limits_{\Delta x\to 0}\dfrac{[5-(x+\Delta x)]-[5-x]}{\Delta x}$

$$=\lim_{\Delta x\to 0}\frac{-\Delta x}{\Delta x}=\lim_{\Delta x\to 0}(-1)=-1,$$

$f'(-5)=-1$.

4. $x=1$ 时，$y=\dfrac{1}{x}=1$.

切线斜率 $k_1=y'|_{x=1}=-\dfrac{1}{x^2}\Big|_{x=1}=-1$；法线斜率 $k_2=-\dfrac{1}{y'|_{x=1}}=1$.

切线方程为 $y-1=-1(x-1)$，即 $x+y-2=0$；

法线方程为 $y-1=1(x-1)$，即 $x-y=0$.

习题 2-2

1.（3） $y'=\dfrac{(x^3-2x+1)'\cdot x-(x^3-2x+1)\cdot x'}{x^2}$

$$=\frac{(3x^2-2)\cdot x-(x^3-2x+1)\cdot 1}{x^2}=\frac{2x^3-1}{x^2};$$

（8） $y'=\dfrac{x'\cdot(1-\cos x)-x\cdot(1-\cos x)'}{(1-\cos x)^2}=\dfrac{1\cdot(1-\cos x)-x\cdot\sin x}{(1-\cos x)^2}$

$$=\frac{1-\cos x-x\cdot\sin x}{(1-\cos x)^2};$$

（10） $y'=x'\ln x\sin x+x(\ln x)'\sin x+x\ln x(\sin x)'$

$$=\ln x\sin x+x\frac{1}{x}\sin x+x\ln x\cos x$$

$$=\ln x\sin x+\sin x+x\ln x\cos x.$$

2.（1） $y'=(1+x^2)'\cdot\ln x+(1+x^2)\cdot(\ln x)'=2x\ln x+\dfrac{1+x^2}{x}$,

$$y'|_{x=1}=2\times 1\times\ln 1+\frac{1+1^2}{1}=2;$$

（3） $y'=\dfrac{(1-\ln x)'(1+\ln x)-(1-\ln x)(1+\ln x)'}{(1+\ln x)^2}$

$$=\frac{-\frac{1}{x}(1+\ln x)-(1-\ln x)\frac{1}{x}}{(1+\ln x)^2}=-\frac{2}{x(1+\ln x)^2},$$

$$y'|_{x=\mathrm{e}}=-\frac{2}{x(1+\ln x)^2}\Big|_{x=\mathrm{e}}=-\frac{2}{\mathrm{e}(1+\ln\mathrm{e})^2}=-\frac{1}{2\mathrm{e}};$$

（4）16.

3.（2） $y'=2\cos x(\cos x)'=2\cos x(-\sin x)=-\sin 2x$；

（3） $y' = 9(x^2 - x + 1)^8 (x^2 - x + 1)' = 9(x^2 - x + 1)^8 (2x - 1)$；

（7） $y' = \left(\dfrac{1}{\sin x^2}\right)(\cos x^2)(x^2)' = 2x\dfrac{\cos x^2}{\sin x^2} = 2x\cot x^2$；

（12） $y' = \cos\sqrt{x}(\sqrt{x})' + \dfrac{1}{2}(\sin x)^{-\frac{1}{2}}(\sin x)' = \dfrac{\cos\sqrt{x}}{2\sqrt{x}} + \dfrac{\cos x}{2\sqrt{\sin x}}$；

（13） $y' = (x-1)'\sqrt{x^2+1} + (x-1)(\sqrt{x^2+1})'$

$$= \sqrt{x^2+1} + (x-1)\left[\frac{1}{2}(x^2+1)^{-\frac{1}{2}}(x^2+1)'\right]$$

$$= \sqrt{x^2+1} + (x-1)\frac{x}{\sqrt{x^2+1}} = \frac{2x^2 - x + 1}{\sqrt{x^2+1}}.$$

4.（1） $f'(x) = \dfrac{1}{1+(\sqrt{x})^2}(\sqrt{x})' = \dfrac{1}{1+x}\dfrac{1}{2\sqrt{x}} = \dfrac{1}{2\sqrt{x}(1+x)}$，

$$f'(1) = \frac{1}{2\sqrt{1}(1+1)} = \frac{1}{4}.$$

5.（1） $y' = (\sqrt{1-x^2})'\arccos x + \sqrt{1-x^2}(\arccos x)'$

$$= \frac{-2x}{2\sqrt{1-x^2}}\arccos x + \sqrt{1-x^2}\left(-\frac{1}{\sqrt{1-x^2}}\right)$$

$$= -\frac{x\arccos x}{\sqrt{1-x^2}} - 1.$$

*6.（1）设 $y = \ln u,\ u = f(v),\ v = \sin x$，则

$$y' = \frac{\mathrm{d}y}{\mathrm{d}u}\frac{\mathrm{d}u}{\mathrm{d}v}\frac{\mathrm{d}v}{\mathrm{d}x} = \frac{1}{u}f'(v)\cos x = \frac{\cos x\, f'(\sin x)}{f(\sin x)}$$

9. 依题意，设行驶 t h 后，两船相距 s km，则有

$$s = \sqrt{(6t)^2 + (16-8t)^2}$$

两边平方，得

$$s^2 = (6t)^2 + (16-8t)^2$$

求导，得

$$2ss' = 72t - 16(16-8t) = 200t - 16^2$$

从而

$$s' = \frac{200t - 16^2}{2\sqrt{(6t)^2 + (16-8t)^2}}$$

于是

$$s'\big|_{t=1} = \frac{200 - 16^2}{2\sqrt{(6)^2 + (16-8)^2}} = \frac{200 - 256}{20} = -2.8$$

即在下午 1 点整时，两船相离的速率为 2.8 km/h.

10. 设时刻 t 时，容器内水面高度为 h，水的体积为 V，则

$$V = \frac{1}{3}\pi\left(\frac{h}{2}\right)^2 \cdot h = \frac{1}{12}\pi h^3$$

则
$$\frac{\mathrm{d}V}{\mathrm{d}t}=\frac{1}{4}\pi h^2\frac{\mathrm{d}h}{\mathrm{d}t}$$

当 $\frac{\mathrm{d}V}{\mathrm{d}t}=4\ \mathrm{m}^3/\mathrm{min}$， $h=5$ m 时， $\frac{\mathrm{d}h}{\mathrm{d}t}=4\cdot 4\frac{1}{\pi\cdot 5^2}=\frac{16}{25\pi}\ \mathrm{m}^3/\mathrm{min}$.

习题 2–3

1.（1）方程 $x^3+6xy-y^3=0$，对 x 求导得
$$3x^2+6(y+xy')-3y^2y'=0$$
即
$$3x^2+6y+6xy'-3y^2y'=0$$
移项
$$3x^2+6y=y'(3y^2-6x)$$
故
$$y'=\frac{3x^2+6y}{3y^2-6x}=\frac{x^2+2y}{y^2-2x}$$

3.（1）等式两边取对数，得
$$\ln y=\ln x^{\mathrm{e}^x}$$
则
$$\ln y=\mathrm{e}^x\ln x$$
等式两边对 x 求导，得
$$\frac{1}{y}y'=\mathrm{e}^x\ln x+\frac{\mathrm{e}^x}{x}$$
故
$$y'=y\left(\mathrm{e}^x\ln x+\frac{\mathrm{e}^x}{x}\right)=x^{\mathrm{e}^x}\mathrm{e}^x\left(\ln x+\frac{1}{x}\right)$$

4.（1）$\frac{\mathrm{d}x}{\mathrm{d}t}=\frac{1}{1+t^2}$， $\frac{\mathrm{d}y}{\mathrm{d}t}=\frac{2t}{1+t^2}$，则
$$\frac{\mathrm{d}y}{\mathrm{d}x}=\frac{\frac{\mathrm{d}y}{\mathrm{d}t}}{\frac{\mathrm{d}x}{\mathrm{d}t}}=\frac{\frac{2t}{1+t^2}}{\frac{1}{1+t^2}}=2t$$

5.（1）$y'=(x^2+\ln x)'=2x+\frac{1}{x}$， $y''=\left(2x+\frac{1}{x}\right)'=2-\frac{1}{x^2}$.

7.（1）$y'=(\mathrm{e}^{2x})'=2\mathrm{e}^{2x}$， $y''=(2\mathrm{e}^{2x})'=4\mathrm{e}^{2x}$， …， $y^{(n)}=2^n\mathrm{e}^{2x}$.

习题 2–4

1.（1）$\Delta y=f(x+\Delta x)-f(x)=f(2)-f(1)=0$， $\mathrm{d}y=f'(x)\Delta x=-1$.

2.（1） $\Delta y = y|_{x=0.02} - y|_{x=0} = 0.04$， $\mathrm{d}y = y'\Delta x = 2\times 0.02 = 0.04$.

3.（1） $\mathrm{d}y = y'\mathrm{d}x = (x^3+1)'\mathrm{d}x = 3x^2\mathrm{d}x$.

5.（1） $y=\sin x$， $y'=\cos x$，则 $\sin 0.03 \approx \sin 0 + 0.03\times\cos 0 = 0.03$.

6. 解：设正方体的棱长为 x，则体积 $V=x^3$. 已知 $x=10\text{ m}$，$\Delta x = 0.1\text{ m}$，故体积增加的精确值

$$\Delta V = (x+\Delta x)^3 - x^3 = (10+0.1)^3 - 10^3 = 30.301\text{ m}^3$$

体积增加的近似值

$$\mathrm{d}V = f'(x)\Delta x\Big|_{\substack{x=10\\ \Delta x=0.1}} = 3x^2\,\Delta x\Big|_{\substack{x=10\\ \Delta x=0.1}} = 30\text{ m}^3$$

复习题二

一、1. C.

$\tan\alpha = k = y'\big|_{(1,0)} = \dfrac{1}{x}\Big|_{(1,0)} = 1$， $\alpha = \dfrac{\pi}{4}$.

第三章　导数的应用

习题 3–1

1.（1）错误. 因为不满足罗尔定理的条件.

4. 证明题.

（1）证明：令 $f(x)=\ln x$，可知 $f(x)$ 在 $[a,b]$ 上连续，在 (a,b) 内可导. 由拉格朗日定理可知，存在 $\xi\in(a,b)$，使得

$$f'(\xi)(b-a) = \frac{1}{\xi}(b-a) = \ln b - \ln a = \ln\frac{b}{a}$$

又 $0<a<\xi<b$，所以 $\dfrac{1}{b}<\dfrac{1}{\xi}<\dfrac{1}{a}$，且 $(b-a)>0$，即

$$\frac{b-a}{b} < \ln\frac{b}{a} < \frac{b-a}{a}$$

得证.

（2）证明：令 $f(x)=x^5+x-1$，则 $f(x)$ 在 $\mathbf{R}$ 上连续，且 $f(1)=1>0,\ f(0)=-1<0$. 由闭区间上连续函数的性质可知，存在 $\xi\in(0,1)$，使得 $f(\xi)=0$，即 $f(x)$ 有一正根.

又假设 $f(x)$ 另有一个正根 ξ_1，则 $f(\xi_1)=0$，（不妨设 $0<\xi<\xi_1$），而 $f(x)$ 在 $[\xi,\xi_1]$ 上连续，

在 (ξ,ξ_1) 内可导，所以由罗尔定理可知，存在 $\xi_2\in(\xi,\xi_1)$，使得 $f'(\xi_2)=0$．但 $f'(x)=4x^4+1\neq 0$，矛盾，假设不能成立.

习题 3–2

3. 计算下列极限.

（1）$\lim\limits_{x\to 0}\dfrac{xe^{\cos x}}{1-\sin x-\cos x}=\lim\limits_{x\to 0}\dfrac{e^{\cos x}-x\sin x\cdot e^{\cos x}}{-\cos x+\sin x}=\dfrac{e}{-1}=-e$；

（2）$\lim\limits_{x\to 0}\dfrac{x-\arcsin x}{\sin^3 x}=\lim\limits_{x\to 0}\dfrac{x-\arcsin x}{x^3}=\lim\limits_{x\to 0}\dfrac{1-\dfrac{1}{\sqrt{1-x^2}}}{3x^2}$

$$=\lim_{x\to 0}\frac{\frac{1}{2}(1-x^2)^{-\frac{3}{2}}(-2x)}{6x}=-\frac{1}{6};$$

（3）$\lim\limits_{x\to 1}\left(\dfrac{x}{x-1}-\dfrac{1}{\ln x}\right)=\lim\limits_{x\to 1}\dfrac{x\ln x-(x-1)}{(x-1)\ln x}=\lim\limits_{x\to 1}\dfrac{x\ln x}{x\ln x+x-1}$

$$=\lim_{x\to 1}\frac{\ln x+1}{\ln x+2}=\frac{1}{2};$$

（4）$\lim\limits_{x\to 0}\left(\dfrac{1}{x}-\dfrac{1}{e^x-1}\right)=\lim\limits_{x\to 0}\dfrac{e^x-1-x}{x(e^x-1)}=\lim\limits_{x\to 0}\dfrac{e^x-x-1}{x^2}$

$$=\lim_{x\to 0}\frac{e^x-1}{2x}=\lim_{x\to 0}\frac{e^x}{2}=\frac{1}{2}.$$

习题 3–3

2. 证明：令 $f(x)=\tan x-x-\dfrac{1}{3}x^3$，故

$$f'(x)=\sec^2 x-1-x^2=\tan^2 x-x^2$$

$\forall x\in\left(0,\dfrac{\pi}{2}\right)$，$\tan x>x>0$，所以 $f'(x)>0$，即 $f(x)$ 在 $\left(0,\dfrac{\pi}{2}\right)$ 单调递增．则 $\forall x\in\left(0,\dfrac{\pi}{2}\right)$，

$$f(x)>f(0)=0$$

即

$$\tan x>x+\frac{1}{3}x^3$$

得证.

习题 3–4

1. 判断题.

（1）错误. 因为驻点不一定是极值点，如 $y=x^3$， $x=0$是其驻点，但不是极值点.

（2）错误. 因为曲线 $y=x^3$ 在 $x=0$ 点有平行于 x 轴的切线，但 $x=0$ 不是极值点.

（3）正确. 因为 $y'=1+\cos x\geqslant 0$，函数 $y=x+\sin x$ 在 $(-\infty,+\infty)$ 内单调递增，故无极值.

4.（1）定义域为 $\mathbf{R}$.

函数两边取自然对数，得（不妨设 $0<x<1$）

$$\ln y=\frac{1}{3}\ln x+\frac{2}{3}\ln(1-x)$$

则

$$\frac{1}{y}y'=\frac{1}{3x}+\frac{2}{3(x-1)}$$

所以

$$y'=y\left[\frac{1}{3x}+\frac{2}{3(x-1)}\right]=\sqrt[3]{x}\cdot\sqrt[3]{(1-x)^2}\cdot\frac{3x-1}{3x(x-1)}=\frac{1-3x}{3\sqrt[3]{x^2}\cdot\sqrt[3]{1-x}}$$

令 $y'=0$，得 $x=\frac{1}{3}$； $x=0$， $x=1$ 为不可导点. 列表如下：

x	$(-\infty,0)$	0	$\left(0,\frac{1}{3}\right)$	$\frac{1}{3}$	$\left(\frac{1}{3},1\right)$	1	$(1,+\infty)$
$f'(x)$	+	不存在	+	0	−	不存在	+
$f(x)$	↗	拐点	↗	极大值	↘	极小值	↗

所以极大值为 $y\left(\frac{1}{3}\right)=\frac{\sqrt[3]{4}}{3}$，极小值为 $y(1)=0$.

（2） $y'=3x^2-6x-9=3(x-3)(x+1)$.

令 $y'=0$，可得 $x=-1$，或 $x=3$.

当 $x<-1$ 时， $y'>0$，当 $-1<x<3$ 时， $y'<0$，所以 y 在 $x=-1$ 处取得极大值 $y(-1)=10$；当 $-1<x<3$ 时， $y'<0$，当 $x>3$ 时， $y'>0$，所以 y 在 3 处取得极小值 $y(3)=-22$.

（3）

$$\begin{aligned}y'&=2(x-5)(x+1)^{\frac{2}{3}}+\frac{2}{3}(x-5)^2(x+1)^{-\frac{1}{3}}\\&=\frac{6(x-5)(x+1)+2(x-5)^2}{3(x+1)^{\frac{1}{3}}}=\frac{2(x-5)[3(x+1)+(x-5)]}{3(x+1)^{\frac{1}{3}}}\\&=\frac{2(x-5)(4x-2)}{3(x+1)^{\frac{1}{3}}}\end{aligned}$$

令 $y'=0$，可得 $x=\frac{1}{2}$ 或 $x=5$.

当 $x=-1$ 时， y' 不存在.

$x=-1$，$x=\dfrac{1}{2}$, $x=5$ 把 $(-\infty,+\infty)$ 分成四个部分区间，现列表讨论如下：

x	$(-\infty,-1)$	-1	$\left(-1,\dfrac{1}{2}\right)$	$\dfrac{1}{2}$	$\left(\dfrac{1}{2},5\right)$	5	$(5,+\infty)$
$f'(x)$	$-$	不存在	$+$	0	$-$	0	$+$
$f(x)$	↘	极小值	↗	极大值	↘	极小值	↗

所以，函数的极大值为 $y\left(\dfrac{1}{2}\right)=\dfrac{81}{4}\sqrt[3]{\dfrac{9}{4}}$；极小值为 $y(-1)=0$, $y(5)=0$.

（4）$f_{极大值}(-2)=21,\ f_{极小值}(1)=-6$.

5.（1）$a=1$，$b=4$；（2）单调递增区间为 $(-\infty,-1)$ 和 $(1,+\infty)$.

6. $-3,2$ 是 $y'=0$ 的根 $\Rightarrow a=1.5$，$b=-18$；$(2,-10)$在曲线上 $\Rightarrow c=12$.

习题 3–5

4. 设两直角边分别为 x,y，则面积

$$S=\frac{1}{2}xy\ (x>0,y>0)$$

设常数为 c，由 $c=x+\sqrt{x^2+y^2}$，得 $x=\dfrac{c^2-y^2}{2c}$. 所以

$$S=\frac{c^2-y^2}{4c}\cdot y\ (0<y<c)$$

则

$$S'=\frac{c}{4}-\frac{3y^2}{4c}$$

令 $S'=\dfrac{c}{4}-\dfrac{3y^2}{4c}=0$，得 $y=\dfrac{c}{\sqrt{3}}$. 所以 $x=\dfrac{c}{3}$. 由于驻点唯一，故当两直角边分别为 $\dfrac{c}{3},\dfrac{c}{\sqrt{3}}$ 时，直角三角形的面积最大.

5. 由已知 $5=xy+\dfrac{1}{2}\pi\left(\dfrac{x}{2}\right)^2=xy+\dfrac{1}{8}\pi x^2$，可得 $y=\dfrac{5}{x}-\dfrac{1}{8}\pi x$. 则

$$L(x)=x+2y+\frac{1}{2}\pi x=\left(\frac{\pi}{2}+1\right)x+2\left(\frac{5}{x}-\frac{1}{8}\pi x\right)=\left(\frac{\pi}{4}+1\right)x+\frac{10}{x}$$

则

$$L'(x)=\left(\frac{\pi}{4}+1\right)-\frac{10}{x^2}\Rightarrow x=\sqrt{\frac{40}{\pi+4}}$$

由于驻点唯一，且最小值存在，所以当 $x=\sqrt{\dfrac{40}{\pi+4}}$ 时，材料最省.

6. 以河岸为 x 轴，过乙城且垂直于河岸的垂线为 y 轴，指向甲城和乙城的方向分别为 x

轴，y 轴的正方向，假设水厂离原点为 x 千米，总的费用为 S，则

$$S=500(50-x)+700\sqrt{x^2+40^2}$$

则
$$S'=-500+700\frac{x}{\sqrt{x^2+40^2}}$$

令 $S'=0$，可得 $x=\sqrt{\frac{5000}{3}}=\frac{50}{3}\sqrt{6}\approx 40.82$．由于驻点唯一，且最小费用存在，所以当水厂建在离甲城 $50-40.82=9.18$（千米）时，总的费用最省．

7. 令 $y'=0$，得 $x=0, x=2$．由下表知 $m=3$，所以最小值为 $f(-2)=-37$．

x	-2	$(-2,0)$	0	$(0,2)$	2
		+		−	
y	$-40+m$	↗	m	↘	$-8+m$

习题 3–6

6. 证明：令 $f(t)=t\ln t,\quad t>0$，则

$$f'(t)=\ln t+t\frac{1}{t}=\ln t+1$$

$$f''(t)=\frac{1}{t}>0$$

所以 $f(t)$ 在 $(0,+\infty)$ 上是向上凹的．故对任意的 $x,y\in(0,+\infty)$，有

$$f\left(\frac{x+y}{2}\right)<\frac{f(x)+f(y)}{2}$$

即
$$\frac{x+y}{2}\ln\left(\frac{x+y}{2}\right)<\frac{x\ln x+y\ln y}{2}$$

所以
$$x\ln x+y\ln y>(x+y)\ln\left(\frac{x+y}{2}\right)$$

习题 3–7

4. $y'=\frac{1}{x}, y''=-\frac{1}{x^2}$．则

$$K(x)=\frac{|y''|}{(1+y'^2)^{\frac{3}{2}}}=\frac{\frac{1}{x^2}}{\left(1+\frac{1}{x^2}\right)^{\frac{3}{2}}}=\frac{x}{(x^2+1)^{\frac{3}{2}}}$$

$$K'(x)=\frac{(x^2+1)^{\frac{3}{2}}-x\cdot\frac{3}{2}(x^2+1)^{\frac{1}{2}}\cdot 2x}{(x^2+1)^3}=\frac{(x^2+1)^{\frac{1}{2}}(1-2x^2)}{(x^2+1)^3}$$

令 $K'(x)=0\Rightarrow x=\frac{\sqrt{2}}{2}$，且可知当 $x=\frac{\sqrt{2}}{2}$ 时 $K(x)$ 取得最大值. 则 $K\left(\frac{\sqrt{2}}{2}\right)=\frac{2\sqrt{3}}{9}$，曲率半径 $\rho\left(\frac{\sqrt{2}}{2}\right)=\frac{3\sqrt{3}}{2}$.

习题 3–8

1.（1）所给函数的定义域为 **R**.

$$y'=\frac{-6(2x-2)}{(x^2-2x+4)^2}=\frac{-12(x-1)}{(x^2-2x+4)^2}$$

$$y''=-12\frac{[(x^2-2x+4)^2-(x-1)\cdot 2(x^2-2x+4)(2x-2)]}{(x^2-2x+4)^4}$$

$$=-12\frac{[(x^2-2x+4)-4(x-1)^2]}{(x^2-2x+4)^3}=36\frac{x(x-2)}{(x^2-2x+4)^3}$$

（2）y' 的零点为 $x=1$，y'' 的零点为 $x=0$，$x=2$，这些点把定义域分成四个部分.

（3）在各个区间，y',y'' 的符号，相应曲线的升降性及凹凸性，以及拐点，如下表所示.

x	$(-\infty,0)$	0	$(0,1)$	1	$(1,2)$	2	$(2,+\infty)$
y'	+	+	+	0	−	−	−
y''	+	0	−	−	−	0	+
图形	↗	拐点	↗	极大值	↘	拐点	↘

（4）$\lim\limits_{x\to\infty}\frac{6}{x^2-2x+4}=0$，所以 $y=0$ 是函数的水平渐近线.

（5）描点作图（略）.

复习题三

六、证明：令 $f(x)=\arcsin x+\arccos x$，则 $f(x)$ 在 $[-1,1]$ 上可导，且

$$f'(x)=\frac{1}{\sqrt{1-x^2}}-\frac{1}{\sqrt{1-x^2}}=0$$

所以

$$f(x)=C\ (C\text{ 为常数})$$

又 $f(1)=\arcsin 1+\arccos 1=\frac{\pi}{2}+0=\frac{\pi}{2}$，故

$$\arcsin x+\arccos x=\frac{\pi}{2}$$

七、计算下列极限.

1. $\lim\limits_{x\to 1}(1-x)\cdot\tan\frac{\pi x}{2}=\lim\limits_{x\to 1}\frac{1-x}{\cot\left(\frac{\pi x}{2}\right)}=\lim\limits_{x\to 1}\frac{-1}{-\csc^2\left(\frac{\pi x}{2}\right)\frac{\pi}{2}}=\frac{2}{\pi}$.

2. 令 $y=(\cot x)^{\frac{1}{\ln x}}$，则

$$\ln y=\frac{1}{\ln x}\ln\cot x$$

则
$$\lim_{x\to 0^+}\ln y=\lim_{x\to 0^+}\frac{\ln\cot x}{\ln x}=\lim_{x\to 0^+}\frac{\tan x(-\csc^2 x)}{\frac{1}{x}}=\lim_{x\to 0^+}\frac{x\tan x}{-\sin^2 x}=-1$$

所以
$$\lim_{x\to 0^+}(\cot x)^{\frac{1}{\ln x}}=\mathrm{e}^{-1}$$

九、设每间猪圈宽 a m，长 x m，有

$$6a+7x=36$$

故
$$a=\frac{36-7x}{6}$$

则
$$S=ax=6x-\frac{7}{6}x^2$$

令 $S'=6-\frac{7}{3}x=0$，得 $x=\frac{18}{7}$. 所以每间猪圈的最大面积 $S=6x-\frac{7}{6}x^2=\frac{54}{7}$（$\mathrm{m}^2$）.

第四章　不定积分

习题 4–1

1. 填空题.

（1）由 $\int f(x)x\mathrm{d}x=3x^4+C$ 可知，$3x^4$ 为 $f(x)x$ 的一个原函数，则

$$f(x)x=(3x^4)'=12x^3$$

则
$$f(x)=\frac{12x^3}{x}=12x^2$$

（3）根据 $\int \mathrm{d}f(x)=f(x)+C$，可得 $\int \mathrm{d}(\arctan x)=\arctan x+C$.

2. 计算下列不定积分.

（4）$\int\frac{3\cdot 2^t-3^t}{5^t}\mathrm{d}t=3\int\left(\frac{2}{5}\right)^t\mathrm{d}t-\int\left(\frac{3}{5}\right)^t\mathrm{d}t=3\frac{\left(\frac{2}{5}\right)^t}{\ln\frac{2}{5}}-\frac{\left(\frac{3}{5}\right)^t}{\ln\frac{3}{5}}+C$

$$=\frac{3\cdot 2^t}{5^t(\ln 2-\ln 5)}-\frac{3^t}{5^t(\ln 3-\ln 5)}+C\text{；}$$

（8）$\int(\sqrt{x}-1)^2\mathrm{d}x=\int(x-2\sqrt{x}+1)\mathrm{d}x=\frac{1}{2}x^2-2\cdot\frac{1}{1+\frac{1}{2}}\cdot x^{1+\frac{1}{2}}+x+C$

$$=\frac{1}{2}x^2-\frac{4}{3}x\sqrt{x}+x+C\text{；}$$

（10）$\int\frac{x^2+7x+12}{x+4}\mathrm{d}x=\int\frac{(x+4)(x+3)}{x+4}\mathrm{d}x=\int(x+3)\mathrm{d}x=\frac{1}{2}x^2+3x+C$；

（11）$\int\frac{1-\mathrm{e}^{2x}}{1+\mathrm{e}^x}\mathrm{d}x=\int\frac{(1+\mathrm{e}^x)(1-\mathrm{e}^x)}{1+\mathrm{e}^x}\mathrm{d}x=\int(1-\mathrm{e}^x)\mathrm{d}x=x-\mathrm{e}^x+C$；

（14）$\int\frac{\mathrm{d}x}{1+\cos 2x}=\int\frac{\mathrm{d}x}{2\cos^2 x}=\frac{1}{2}\int\sec^2 x\mathrm{d}x=\frac{1}{2}\tan x+C$.

3. 解答下列问题：

（2）设曲线方程为 $y=f(x)$，由于曲线满足在任一点处的切线斜率等于该点的横坐标的倒数，则有

$$f'(x)=\frac{1}{x}$$

继而

$$f(x)=\int\frac{1}{x}\mathrm{d}x=\ln x+C$$

又因为曲线通过点 $(\mathrm{e}^2,3)$，则有

$$f(\mathrm{e}^2)=\ln\mathrm{e}^2+C=3$$

则 $C=1$.

综上：$y=\ln x+1$.

习题 4–2

1. 在下列各式等号右端的空白处填入适当的系数，使得等式成立.

（3）因为 $\mathrm{d}\sqrt{t}=(\sqrt{t})'\mathrm{d}t=\frac{1}{2}\cdot\frac{1}{\sqrt{t}}\mathrm{d}t$，所以 $\frac{1}{\sqrt{t}}\mathrm{d}t=2\mathrm{d}\sqrt{t}$；

（7）因为 $\mathrm{d}(\sqrt{1+x^2})=(\sqrt{1+x^2})'\mathrm{d}x=\frac{x}{\sqrt{1+x^2}}\mathrm{d}x$，所以 $\frac{2x}{\sqrt{1+x^2}}\mathrm{d}x=2\mathrm{d}(\sqrt{1+x^2})$；

（9）因为 $\mathrm{d}(\arctan 2x)=(\arctan 2x)'\mathrm{d}x=\frac{2}{1+4x^2}\mathrm{d}x$，所以 $\frac{1}{1+4x^2}\mathrm{d}x=\frac{1}{2}\mathrm{d}(\arctan 2x)$；

（11）因为 $d(\tan 3x)=(\tan 3x)'dx=3\sec^2 3xdx$，所以 $\sec^2 3xdx=\frac{1}{3}d(\tan 3x)$.

2. 求下列不定积分.

（3）$\int\frac{dx}{\sqrt{1+x}}=\int(1+x)^{-\frac{1}{2}}d(1+x)=\frac{1}{1-\frac{1}{2}}(1+x)^{1-\frac{1}{2}}+C=2\sqrt{1+x}+C$；

（7）$\int x(x^2+1)^3dx=\frac{1}{2}\int(x^2+1)^3d(x^2+1)=\frac{1}{2}\cdot\frac{1}{4}(x^2+1)^4+C=\frac{1}{8}(x^2+1)^4+C$；

（10）$\int\frac{e^x}{e^x+1}dx=\int\frac{1}{e^x+1}d(e^x+1)=\ln(e^x+1)+C$；

（15）$\int\cos^3 xdx=\int\cos^2 x\cdot\cos xdx=\int(1-\sin^2 x)d(\sin x)=\sin x-\frac{1}{3}\sin^3 x+C$；

（17）$\int\frac{dx}{(x+1)(x+2)}=\int\left(\frac{1}{x+1}-\frac{1}{x+2}\right)dx=\int\frac{1}{x+1}d(x+1)-\int\frac{1}{x+2}d(x+2)$

$$=\ln|x+1|-\ln|x+2|+C=\ln\left|\frac{x+1}{x+2}\right|+C；$$

（19）$\int\frac{dx}{\sqrt{x(2-x)}}=\int\frac{1}{\sqrt{1-(x-1)^2}}d(x-1)=\arcsin(x-1)+C$；

（20）$\int\sin 2x\cos 3xdx=\int\frac{1}{2}(\sin 5x-\sin x)dx=\frac{1}{10}\int\sin 5xd5x-\frac{1}{2}\int\sin xdx$

$$=-\frac{1}{10}\cos 5x+\frac{1}{2}\cos x+C；$$

（24）$\int\frac{dx}{x(4-\ln^2 x)}=\int\frac{1}{(4-\ln^2 x)}d\ln x=-\int\frac{1}{(\ln^2 x-2^2)}d\ln x$

$$=-\frac{1}{4}\ln\left|\frac{\ln x-2}{\ln x+2}\right|+C=\frac{1}{4}\ln\left|\frac{2+\ln x}{2-\ln x}\right|+C.$$

3. 求下列不定积分.

（1）令 $\sqrt{2x}=t$，则 $x=\frac{t^2}{2}$，于是

$$\int\frac{dx}{1+\sqrt{2x}}=\int\frac{1}{1+t}d\left(\frac{t^2}{2}\right)=\int\frac{t}{1+t}dt=\int\left(1-\frac{1}{1+t}\right)dt=t-\ln|1+t|+C$$

$$=\sqrt{2x}-\ln(1+\sqrt{2x})+C$$

（4）令 $\sqrt{1+e^x}=t$，则 $x=\ln(t^2-1)$，于是

$$\int\frac{dx}{\sqrt{1+e^x}}=\int\frac{1}{t}d\ln(t^2-1)=\int\frac{2t}{t(t^2-1)}dt=2\int\frac{1}{t^2-1}dt=\ln\left|\frac{t-1}{t+1}\right|+C$$

$$=\ln\left|\frac{\sqrt{1+e^x}-1}{\sqrt{1+e^x}+1}\right|+C=2\ln(\sqrt{1+e^x}-1)-x+C$$

（8）令 $\sqrt[6]{x}=t$，则 $x=t^6$，于是

$$\int\frac{\mathrm{d}x}{\sqrt{x}+\sqrt[3]{x^2}}=\int\frac{\mathrm{d}(t^6)}{t^3+t^4}=6\int\frac{t^5}{t^3+t^4}\mathrm{d}t=6\int\frac{t^2}{1+t}\mathrm{d}t=6\int\frac{t^2-1+1}{1+t}\mathrm{d}t$$
$$=6\int\left(t-1+\frac{1}{1+t}\right)\mathrm{d}t=3t^2-6t+6\ln|1+t|+C$$
$$=3\sqrt[3]{x}-6\sqrt[6]{x}+6\ln\left|1+\sqrt[6]{x}\right|+C$$

4. 求下列不定积分.

（3）令 $x=2\sec t,\ t\in\left(0,\dfrac{\pi}{2}\right)$，则 $\sqrt{x^2-4}=2\tan t,\ \mathrm{d}x=2\sec t\tan t\mathrm{d}t$，可得

$$\int\frac{\sqrt{x^2-4}}{x}\mathrm{d}x=\int\frac{2\tan t}{2\sec t}\cdot 2\sec t\tan t\mathrm{d}t=2\int\tan^2 t\mathrm{d}t$$
$$=2\int(\sec^2 t-1)\mathrm{d}t=2\tan t-2t+C$$

由于 $t=\arccos\dfrac{2}{x},\ \tan t=\sqrt{\sec^2 t-1}=\dfrac{1}{2}\sqrt{x^2-4}$，则

$$\int\frac{\sqrt{x^2-4}}{x}\mathrm{d}x=\sqrt{x^2-4}-2\arccos\frac{2}{x}+C$$

（5）令 $x=\cos t,\ t\in\left[-\dfrac{\pi}{2},\dfrac{\pi}{2}\right]$，则 $\sqrt{1-x^2}=\sin t,\ \mathrm{d}x=-\sin t\mathrm{d}t$，可得

$$\int\frac{\mathrm{d}x}{x^2\sqrt{1-x^2}}=\int\frac{-\sin t}{\cos^2 t\cdot\sin t}\mathrm{d}t=-\int\sec^2 t\mathrm{d}t=-\tan t+C$$

由于 $\sin t=\sqrt{1-x^2},\ \tan t=\dfrac{\sin t}{\cos t}=\dfrac{\sqrt{1-x^2}}{x}$，则

$$\int\frac{\mathrm{d}x}{x^2\sqrt{1-x^2}}=-\frac{\sqrt{1-x^2}}{x}+C$$

（7）令 $x=\tan t,\ t\in\left(-\dfrac{\pi}{2},\dfrac{\pi}{2}\right)$，则 $\sqrt{1+x^2}=\sec t,\ \mathrm{d}x=\sec^2 t\mathrm{d}t$，可得

$$\int\frac{x^3}{\sqrt{1+x^2}}\mathrm{d}x=\int\frac{\tan^3 t}{\sec t}\cdot\sec^2 t\mathrm{d}t=\int\tan^3 t\sec t\mathrm{d}t=\int\tan^2 t\mathrm{d}(\sec t)$$
$$=\int(\sec^2 t-1)\mathrm{d}(\sec t)=\frac{1}{3}\sec^3 t-\sec t+C$$

由于 $\sec t=\sqrt{1+x^2}$，则

$$\int\frac{x^3}{\sqrt{1+x^2}}\mathrm{d}x=\frac{1}{3}(1+x^2)\sqrt{1+x^2}-\sqrt{1+x^2}+C=\frac{1}{3}(x^2-2)\sqrt{1+x^2}+C$$

（9）因为 $\displaystyle\int\frac{x}{\sqrt{x^2+2x+2}}\mathrm{d}x=\int\frac{x}{\sqrt{(x+1)^2+1}}\mathrm{d}x$，可令 $x+1=\tan t,\ t\in\left(-\dfrac{\pi}{2},\dfrac{\pi}{2}\right)$，则

$$\sqrt{(x+1)^2+1}=\sec t,\ \ x=\tan t-1,\ \ \mathrm{d}x=\sec^2 t\mathrm{d}t$$

所以
$$\int\frac{x}{\sqrt{x^2+2x+2}}\mathrm{d}x=\int\frac{\tan t-1}{\sec t}\cdot\sec^2 t\mathrm{d}t=\int(\tan t\cdot\sec t-\sec t)\mathrm{d}t$$
$$=\sec t-\ln\left|\sec t+\tan t\right|+C$$

由于 $\tan t=x+1,\ \sec t=\sqrt{x^2+2x+2}$，则
$$\int\frac{x}{\sqrt{x^2+2x+2}}\mathrm{d}x=\sqrt{x^2+2x+2}-\ln(\sqrt{x^2+2x+2}+x+1)+C$$

习题 4–3

1. 求下列不定积分.

（1）$\int(x+1)\sin x\mathrm{d}x=-\int(x+1)\mathrm{d}\cos x=-(x+1)\cos x+\int\cos x\mathrm{d}(x+1)$
$$=-(x+1)\cos x+\sin x+C\text{；}$$

（6）因为
$$\int\mathrm{e}^{-x}\cos 3x\mathrm{d}x=-\int\cos 3x\mathrm{d}(\mathrm{e}^{-x})=-\mathrm{e}^{-x}\cos 3x+\int\mathrm{e}^{-x}\mathrm{d}(\cos 3x)$$
$$=-\mathrm{e}^{-x}\cos 3x-3\int\mathrm{e}^{-x}\sin 3x\mathrm{d}x=-\mathrm{e}^{-x}\cos 3x+3\int\sin 3x\mathrm{d}(\mathrm{e}^{-x})$$
$$=-\mathrm{e}^{-x}\cos 3x+3\left[\mathrm{e}^{-x}\sin 3x-\int\mathrm{e}^{-x}\mathrm{d}(\sin 3x)\right]$$
$$=-\mathrm{e}^{-x}\cos 3x+3\mathrm{e}^{-x}\sin 3x-9\int\mathrm{e}^{-x}\cos 3x\mathrm{d}x$$

移项解得
$$\int\mathrm{e}^{-x}\cos 3x\mathrm{d}x=\frac{1}{10}\mathrm{e}^{-x}(3\sin 3x-\cos 3x)+C$$

（7）$\int\ln(1+x^2)\mathrm{d}x=x\ln(1+x^2)-\int x\mathrm{d}\ln(1+x^2)=x\ln(1+x^2)-\int\frac{2x^2}{1+x^2}\mathrm{d}x$
$$=x\ln(1+x^2)-2\int\left(1-\frac{1}{1+x^2}\right)\mathrm{d}x$$
$$=x\ln(1+x^2)-2x+2\arctan x+C\text{；}$$

（9）令 $\sqrt{x+1}=t$，则 $x=t^2-1$，于是
$$\int\mathrm{e}^{\sqrt{x+1}}\mathrm{d}x=\int\mathrm{e}^t\mathrm{d}(t^2-1)=2\int t\mathrm{e}^t\mathrm{d}t=2\int t\mathrm{d}\mathrm{e}^t=2\left(t\mathrm{e}^t-\int\mathrm{e}^t\mathrm{d}t\right)$$
$$=2(t\mathrm{e}^t-\mathrm{e}^t)+C=2\mathrm{e}^t(t-1)+C=2\mathrm{e}^{\sqrt{x+1}}(\sqrt{x+1}-1)+C$$

3. 由于 $\int f(x)f'(x)\mathrm{d}x=\int f(x)\mathrm{d}f(x)=f^2(x)-\int f(x)\mathrm{d}f(x)$，可得
$$\int f(x)f'(x)\mathrm{d}x=\int f(x)\mathrm{d}f(x)=\frac{1}{2}f^2(x)$$

又已知 $f(x)$ 的一个原函数是 $\dfrac{\sin x}{1-\cos x}$，则有

$$f(x)=\left(\frac{\sin x}{1-\cos x}\right)'=-\frac{1}{2}\csc^2\frac{x}{2}$$

因此 $$\int f(x)f'(x)\mathrm{d}x=\frac{1}{2}f^2(x)=\frac{1}{2}\left(-\frac{1}{2}\csc^2\frac{x}{2}\right)^2=\frac{1}{8}\csc^4\frac{x}{2}$$

复习题四

一、选择题.

3. 由于函数 $f(x)$ 的导数是 $\sin x$，即 $f(x)$ 是 $\sin x$ 的一个原函数，则有

$$f(x)=\int\sin x\mathrm{d}x=-\cos x+C_1$$

令 $F(x)$ 为 $f(x)$ 的一个原函数，则有

$$F(x)=\int f(x)\mathrm{d}x=\int(-\cos x+C_1)\mathrm{d}x=-\sin x+C_1x+C_2$$

答案 A, B, C, D 中，只有答案 C 的形式满足上式，因此答案为 C.

4. $$\int xf''(x)\mathrm{d}x=\int x\mathrm{d}f'(x)=xf'(x)-\int f'(x)\mathrm{d}x=xf'(x)-f(x)+C$$

因此答案为 B.

二、填空题.

2. 由于 $f'(x^2)=\dfrac{1}{x}$，则 $f'(x)=\dfrac{1}{\sqrt{x}}$，可得

$$f(x)=\int f'(x)\mathrm{d}x=\int\frac{1}{\sqrt{x}}\mathrm{d}x=2\sqrt{x}+C$$

5. 由于 $f'(x)=\dfrac{1}{\sqrt{1+x^2}}$，则有

$$f(x)=\int f'(x)\mathrm{d}x=\int\frac{1}{\sqrt{1+x^2}}\mathrm{d}x=\ln(x+\sqrt{1+x^2})+C$$

又已知 $f(0)=1$，则有

$$f(0)=\ln(0+\sqrt{1+0^2})+C=1$$

则 $C=1$. 因此

$$f(x)=\ln(x+\sqrt{1+x^2})+1$$

三、求不定积分.

4. $\int\sqrt{\dfrac{\arcsin x}{1-x^2}}\mathrm{d}x=\int\dfrac{\sqrt{\arcsin x}}{\sqrt{1-x^2}}\mathrm{d}x=\int\sqrt{\arcsin x}\mathrm{d}(\arcsin x)$

$$=\frac{2}{3}(\arcsin x)^{\frac{3}{2}}+C=\frac{2}{3}\arcsin x\sqrt{\arcsin x}+C\text{；}$$

9. $\int\dfrac{\mathrm{d}x}{\mathrm{e}^x+\mathrm{e}^{-x}}=\int\dfrac{\mathrm{e}^x}{(\mathrm{e}^x+\mathrm{e}^{-x})\mathrm{e}^x}\mathrm{d}x=\int\dfrac{\mathrm{e}^x}{\mathrm{e}^{2x}+1}\mathrm{d}x=\int\dfrac{1}{\mathrm{e}^{2x}+1}\mathrm{d}\mathrm{e}^x=\arctan\mathrm{e}^x+C$；

10. 令 $\sqrt[3]{2x+1}=t$，则 $x=\dfrac{1}{2}(t^3-1)$，于是

$$\int(x+2)\sqrt[3]{2x+1}\mathrm{d}x=\int\left[\frac{1}{2}(t^3-1)+2\right]t\mathrm{d}\frac{1}{2}(t^3-1)=\int\left(\frac{3}{4}t^6+\frac{9}{4}t^3\right)\mathrm{d}t=\frac{3}{28}t^7+\frac{9}{16}t^4+C$$

$$=\frac{3}{28}(2x+1)^2\sqrt[3]{2x+1}+\frac{9}{16}(2x+1)\sqrt[3]{2x+1}+C$$

12. 令 $2x=\sec t,\ t\in\left(0,\dfrac{\pi}{2}\right)$，则 $\sqrt{4x^2-1}=\tan t,\ x=\dfrac{1}{2}\sec t,\ \mathrm{d}x=\dfrac{1}{2}\sec t\tan t\mathrm{d}t$，可得

$$\int\frac{\sqrt{4x^2-1}}{x}\mathrm{d}x=\int\frac{\tan t}{\frac{1}{2}\sec t}\cdot\frac{1}{2}\sec t\tan t\mathrm{d}t=\int\tan^2 t\mathrm{d}t=\int(\sec^2 t-1)\mathrm{d}t=\tan t-t+C$$

由于 $t=\arccos\dfrac{1}{2x},\ \tan t=\sqrt{4x^2-1}$，则

$$\int\frac{\sqrt{4x^2-1}}{x}\mathrm{d}x=\sqrt{4x^2-1}-\arccos\frac{1}{2x}+C$$

15. 令 $x=\tan t,\ t\in\left(-\dfrac{\pi}{2},\dfrac{\pi}{2}\right)$，则 $\sqrt{1+x^2}=\sec t,\ \mathrm{d}x=\sec^2 t\mathrm{d}t$，可得

$$\int\frac{x^5}{\sqrt{1+x^2}}\mathrm{d}x=\int\frac{\tan^5 t}{\sec t}\cdot\sec^2 t\mathrm{d}t=\int\tan^5 t\sec t\mathrm{d}t=\int\tan^4 t\mathrm{d}(\sec t)$$

$$=\int(1-\sec^2 t)^2\mathrm{d}(\sec t)=\int(1-2\sec^2 t+\sec^4 t)\mathrm{d}(\sec t)$$

$$=\sec t-\frac{2}{3}\sec^3 t+\frac{1}{5}\sec^5 t+C$$

由于 $\sec t=\sqrt{1+x^2}$，则

$$\int\frac{x^5}{\sqrt{1+x^2}}\mathrm{d}x=\sqrt{1+x^2}-\frac{2}{3}(1+x^2)\sqrt{1+x^2}+\frac{1}{5}(1+x^2)^2\sqrt{1+x^2}+C$$

$$=\left(\frac{1}{5}x^4-\frac{4}{15}x^2+\frac{8}{15}\right)\sqrt{1+x^2}+C$$

17. $\int x^2\sin^2\dfrac{x}{2}\mathrm{d}x=\int x^2\left(\dfrac{1}{2}-\dfrac{1}{2}\cos x\right)\mathrm{d}x=\dfrac{1}{2}\int x^2\mathrm{d}x-\dfrac{1}{2}\int x^2\cos x\mathrm{d}x$

$$=\frac{1}{6}x^3-\frac{1}{2}\int x^2\mathrm{d}(\sin x)=\frac{1}{6}x^3-\frac{1}{2}\left[x^2\sin x-\int\sin x\mathrm{d}(x^2)\right]$$
$$=\frac{1}{6}x^3-\frac{1}{2}x^2\sin x+\int x\sin x\mathrm{d}x$$
$$=\frac{1}{6}x^3-\frac{1}{2}x^2\sin x-\int x\mathrm{d}(\cos x)$$
$$=\frac{1}{6}x^3-\frac{1}{2}x^2\sin x-\left(x\cos x-\int\cos x\mathrm{d}x\right)$$
$$=\frac{1}{6}x^3-\frac{1}{2}x^2\sin x-x\cos x+\sin x+C.$$

21. $\int\frac{\arctan \mathrm{e}^x}{\mathrm{e}^x}\mathrm{d}x=-\int\arctan\mathrm{e}^x\mathrm{d}(\mathrm{e}^{-x})=-\mathrm{e}^{-x}\arctan\mathrm{e}^x+\int\mathrm{e}^{-x}\mathrm{d}(\arctan\mathrm{e}^x)$

$$=-\mathrm{e}^{-x}\arctan\mathrm{e}^x+\int\frac{\mathrm{e}^{-x}\cdot\mathrm{e}^x}{1+\mathrm{e}^{2x}}\mathrm{d}x=-\mathrm{e}^{-x}\arctan\mathrm{e}^x+\int\left(1-\frac{\mathrm{e}^{2x}}{1+\mathrm{e}^{2x}}\right)\mathrm{d}x$$
$$=-\mathrm{e}^{-x}\arctan\mathrm{e}^x+x-\frac{1}{2}\int\frac{1}{1+\mathrm{e}^{2x}}\mathrm{d}(1+\mathrm{e}^{2x})$$
$$=x-\mathrm{e}^{-x}\arctan\mathrm{e}^x-\frac{1}{2}\ln(1+\mathrm{e}^{2x})+C.$$

六、由于 $f(x)$ 的一个原函数为 e^{-x}，则 $f(x)=(\mathrm{e}^{-x})'=-\mathrm{e}^{-x}$，于是

$$\int xf'(2x)\mathrm{d}x=\frac{1}{2}\int x\mathrm{d}f(2x)=\frac{1}{2}xf(2x)-\frac{1}{2}\int f(2x)\mathrm{d}x$$
$$=\frac{1}{2}x(-\mathrm{e}^{-2x})-\frac{1}{4}\int f(2x)\mathrm{d}(2x)=-\frac{1}{2}x\mathrm{e}^{-2x}-\frac{1}{4}\mathrm{e}^{-2x}+C$$

第五章　定积分

习题 5-1

1. 填空题.

（3）由于 $\int_a^b\arcsin x\mathrm{d}x$ 的结果为常数，则

$$\frac{\mathrm{d}}{\mathrm{d}x}\int_a^b\arcsin x\mathrm{d}x=0$$

由 $\int_a^b\mathrm{d}x=b-a$，$\int_a^b x\mathrm{d}x=\frac{b^2-a^2}{2}$ 及线性性，可得

$$\int_{-1}^2(3+5x)\mathrm{d}x=3\int_{-1}^2\mathrm{d}x+5\int_{-1}^2x\mathrm{d}x=3[2-(-1)]+5\cdot\frac{2^2-(-1)^2}{2}=\frac{33}{2}$$

（5）求解 $\begin{cases} y = x^2 \\ y = 2 - x^2 \end{cases}$，得曲线 $y = x^2$ 与 $y = 2 - x^2$ 的交点为 $(-1,1), (1,1)$．易知，曲线 $y = x^2$ 与 $y = 2 - x^2$ 围成的平面图形的面积 A（如右图）等于区间 $[-1,1]$ 上 $y = 2 - x^2$ 与 x 轴围成的面积 A_1 减去区间 $[-1,1]$ 上 $y = x^2$ 与 x 轴围成的面积 A_2，即

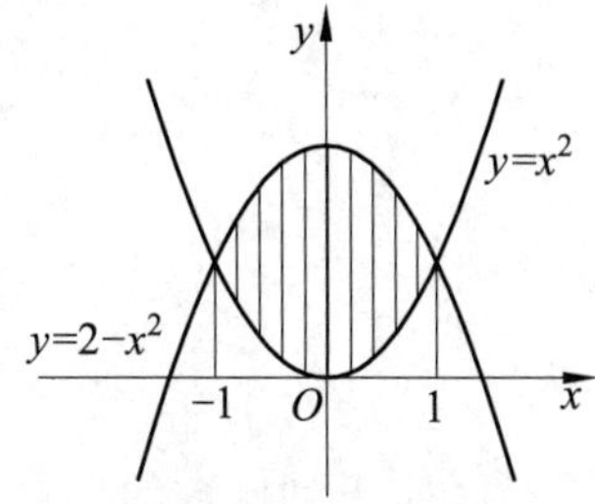

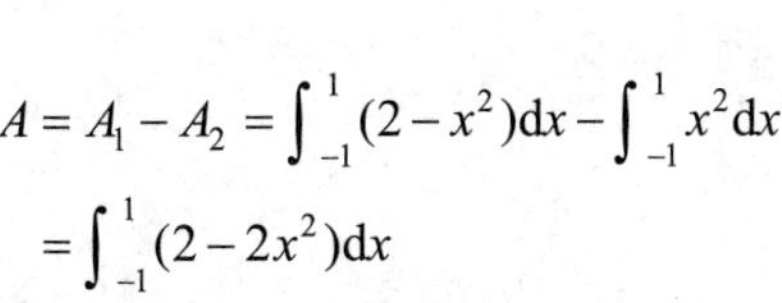

$$\begin{aligned} A = A_1 - A_2 &= \int_{-1}^{1} (2 - x^2) \mathrm{d}x - \int_{-1}^{1} x^2 \mathrm{d}x \\ &= \int_{-1}^{1} (2 - 2x^2) \mathrm{d}x \end{aligned}$$

2. 利用定积分的几何意义求定积分.

（3）$y = \sqrt{2x - x^2}$，即

$$(x-1)^2 + y^2 = 1 \ (y \geqslant 0)$$

其图形则表示圆心为 $(1,0)$、半径为 $r = 1$ 的上半圆（如图）；令圆的面积为 A，则由不定积分的几何意义可知

$$\int_0^1 \sqrt{2x - x^2} \mathrm{d}x = \frac{1}{4} \cdot A = \frac{1}{4} \cdot \pi \cdot 1^2 = \frac{\pi}{4}$$

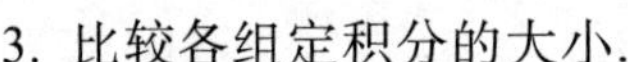

3. 比较各组定积分的大小.

（3）令 $f(x) = x - \ln(1+x)$，则

$$f'(x) = 1 - \frac{1}{1+x} = \frac{x}{1+x}$$

当 $x \in \left[-\frac{1}{2}, 0\right]$ 时，$f'(x) < 0$，即 $f(x)$ 为减函数，则

$$f(x) = x - \ln(1+x) > f(0) = 0$$

因此在区间 $\left[-\frac{1}{2}, 0\right]$ 上，$x > \ln(1+x)$，由比较定理可得

$$\int_{-\frac{1}{2}}^{0} x \mathrm{d}x \geqslant \int_{-\frac{1}{2}}^{0} \ln(1+x) \mathrm{d}x$$

4. 估计定积分的值.

（3）令 $f(x) = x^2 - x = \left(x - \frac{1}{2}\right)^2 - \frac{1}{4}$，则当 $x \in [0,2]$ 时，$f(x) \in \left[-\frac{1}{4}, 2\right]$，则

$$\mathrm{e}^{x^2 - x} \in [\mathrm{e}^{-\frac{1}{4}}, \mathrm{e}^2]$$

由估值定理，则有

$$\mathrm{e}^{-\frac{1}{4}} \cdot (2 - 0) \leqslant \int_0^2 \mathrm{e}^{x^2 - x} \mathrm{d}x \leqslant \mathrm{e}^2 \cdot (2 - 0)$$

因此，可得

$$\int_{2}^{0}e^{x^2-x}\mathrm{d}x=-\int_{0}^{2}e^{x^2-x}\mathrm{d}x\in[-2e^2,-2e^{-\frac{1}{4}}]$$

习题 5–2

1. 求下列函数的导数.

（3）$\left(\int_{2x}^{1}e^{t^2}\mathrm{d}t\right)'=\left(-\int_{1}^{2x}e^{t^2}\mathrm{d}t\right)'=-e^{(2x)^2}\cdot(2x)'=-2e^{4x^2}$.

（6）$$\left(\int_{x^2}^{\sin x}3^t\sqrt{t}\mathrm{d}t\right)'=\left(\int_{x^2}^{0}3^t\sqrt{t}\mathrm{d}t+\int_{0}^{\sin x}3^t\sqrt{t}\mathrm{d}t\right)'$$
$$=\left(-\int_{0}^{x^2}3^t\sqrt{t}\mathrm{d}t\right)'+3^{\sin x}\sqrt{\sin x}\cdot(\sin x)'$$
$$=-3^{x^2}\sqrt{x^2}\cdot(x^2)'+3^{\sin x}\cos x\sqrt{\sin x}$$
$$=-2x^2 3^{x^2}+3^{\sin x}\cos x\sqrt{\sin x}.$$

2. 求下列极限.

（1）$$\lim_{x\to0}\frac{1}{x}\int_{0}^{x}\sqrt{1+t^2}\mathrm{d}t=\lim_{x\to0}\frac{\int_{0}^{x}\sqrt{1+t^2}\mathrm{d}t}{x}=\lim_{x\to0}\frac{\left(\int_{0}^{x}\sqrt{1+t^2}\mathrm{d}t\right)'}{(x)'}=\lim_{x\to0}\frac{\sqrt{1+x^2}}{1}=1.$$

（4）$$\lim_{x\to0}\frac{\left(\int_{0}^{x}\sin t^2\mathrm{d}t\right)^2}{\int_{x}^{0}t^2\sin t^3\mathrm{d}t}=\lim_{x\to0}\frac{\left[\left(\int_{0}^{x}\sin t^2\mathrm{d}t\right)^2\right]'}{\left(\int_{x}^{0}t^2\sin t^3\mathrm{d}t\right)'}=\lim_{x\to0}\frac{2\left(\int_{0}^{x}\sin t^2\mathrm{d}t\right)\left(\int_{0}^{x}\sin t^2\mathrm{d}t\right)'}{-x^2\sin x^3}$$
$$=\lim_{x\to0}\frac{2\left(\int_{0}^{x}\sin t^2\mathrm{d}t\right)\sin x^2}{-x^2\sin x^3}=\lim_{x\to0}\frac{2\left(\int_{0}^{x}\sin t^2\mathrm{d}t\right)\cdot x^2}{-x^2\cdot x^3}$$
$$=-2\lim_{x\to0}\frac{\int_{0}^{x}\sin t^2\mathrm{d}t}{x^3}=-2\lim_{x\to0}\frac{\left(\int_{0}^{x}\sin t^2\mathrm{d}t\right)'}{(x^3)'}$$
$$=-2\lim_{x\to0}\frac{\sin x^2}{3x^2}=-\frac{2}{3}.$$

3. 求下列定积分.

（2）$$\int_{1}^{3}|x^2-3x+2|\mathrm{d}x=-\int_{1}^{2}(x^2-3x+2)\mathrm{d}x+\int_{2}^{3}(x^2-3x+2)\mathrm{d}x$$
$$=-\left(\frac{1}{3}x^3-\frac{3}{2}x^2+2x\right)\Big|_{1}^{2}+\left(\frac{1}{3}x^3-\frac{3}{2}x^2+2x\right)\Big|_{2}^{3}=1.$$

（7）$$\int_{-\frac{\pi}{2}}^{\frac{\pi}{2}}\sqrt{\cos x-\cos^3x}\mathrm{d}x=2\int_{0}^{\frac{\pi}{2}}\sqrt{\cos x-\cos^3x}\mathrm{d}x=2\int_{0}^{\frac{\pi}{2}}\sin\sqrt{\cos x}\mathrm{d}x$$

$$=-2\int_{0}^{\frac{\pi}{2}}\sqrt{\cos x}\mathrm{d}\cos x=-2\cdot\frac{2}{3}\cos^{\frac{3}{2}}x\Big|_{0}^{\frac{\pi}{2}}=\frac{4}{3}.$$

（9）令 $\sqrt{x}=t$，则 $x=t^2,\ \mathrm{d}x=2t\mathrm{d}t$．且当 $x=4$ 时，$t=2$；当 $x=9$ 时，$t=3$．于是

$$\int_{4}^{9}\frac{\sqrt{x}}{\sqrt{x}-1}\mathrm{d}x=\int_{2}^{3}\frac{t}{t-1}\cdot 2t\mathrm{d}t=2\int_{2}^{3}\left(t+1+\frac{1}{t-1}\right)\mathrm{d}t$$

$$=2\left(\frac{1}{2}t^2+t+\ln|t-1|\right)\Big|_{2}^{3}=7+2\ln 2$$

（12）令 $x=\frac{1}{2}\sec t$，则 $\mathrm{d}x=\frac{1}{2}\sec t\tan t\mathrm{d}t$．且当 $x=\frac{\sqrt{2}}{2}$ 时，$t=\frac{\pi}{4}$；当 $x=1$ 时，$t=\frac{\pi}{3}$．于是

$$\int_{\frac{\sqrt{2}}{2}}^{1}\frac{\sqrt{4x^2-1}}{x}\mathrm{d}x=\int_{\frac{\pi}{4}}^{\frac{\pi}{3}}\frac{\tan t}{\frac{1}{2}\sec t}\cdot\frac{1}{2}\sec t\tan t\mathrm{d}t=\int_{\frac{\pi}{4}}^{\frac{\pi}{3}}(\sec^2 t-1)\mathrm{d}t$$

$$=(\tan t-t)\Big|_{\frac{\pi}{4}}^{\frac{\pi}{3}}=\sqrt{3}-1-\frac{\pi}{12}$$

4. 求下列定积分.

（2）$\int_{1}^{4}\frac{\ln x}{x^3}\mathrm{d}x=\int_{1}^{4}\ln x\mathrm{d}\left(\frac{1}{-2x^2}\right)=\left(\frac{1}{-2x^2}\right)\ln x\Big|_{1}^{4}-\int_{1}^{4}\left(\frac{1}{-2x^2}\right)\mathrm{d}\ln x$

$$=-\frac{1}{16}\ln 2+\frac{1}{2}\int_{1}^{4}\frac{1}{x^3}\mathrm{d}x=-\frac{1}{16}\ln 2-\frac{1}{4x^2}\Big|_{1}^{4}=-\frac{1}{16}\ln 2+\frac{15}{64}.$$

（5）$\int_{-1}^{1}x^2\mathrm{e}^{|x|}\mathrm{d}x=2\int_{0}^{1}x^2\mathrm{e}^x\mathrm{d}x=2\int_{0}^{1}x^2\mathrm{d}\mathrm{e}^x=2x^2\mathrm{e}^x\Big|_{0}^{1}-2\int_{0}^{1}\mathrm{e}^x\mathrm{d}x^2$

$$=2\mathrm{e}-4\int_{0}^{1}x\mathrm{e}^x\mathrm{d}x=2\mathrm{e}-4\int_{0}^{1}x\mathrm{d}\mathrm{e}^x=2\mathrm{e}-4\left(x\mathrm{e}^x\Big|_{0}^{1}-\int_{0}^{1}\mathrm{e}^x\mathrm{d}x\right)$$

$$=2\mathrm{e}-4\mathrm{e}+4\mathrm{e}^x\Big|_{0}^{1}=2\mathrm{e}-4.$$

（9）

$$\int_{1}^{\mathrm{e}}\cos(\ln x)\mathrm{d}x=x\cos(\ln x)\Big|_{1}^{\mathrm{e}}-\int_{1}^{\mathrm{e}}x\mathrm{d}\cos(\ln x)=\mathrm{e}\cos 1-1+\int_{1}^{\mathrm{e}}\sin(\ln x)\mathrm{d}x$$

$$=\mathrm{e}\cos 1-1+x\sin(\ln x)\Big|_{1}^{\mathrm{e}}-\int_{1}^{\mathrm{e}}x\mathrm{d}\sin(\ln x)$$

$$=\mathrm{e}\cos 1-1+\mathrm{e}\sin 1-\int_{1}^{\mathrm{e}}\cos(\ln x)\mathrm{d}x$$

移项解得

$$\int_{1}^{\mathrm{e}}\cos(\ln x)\mathrm{d}x=\frac{1}{2}\mathrm{e}(\sin 1+\cos 1)-\frac{1}{2}$$

（12）令 $x=\sin t$，则 $\mathrm{d}x=\cos t\mathrm{d}t$．且当 $x=0$ 时，$t=0$；当 $x=1$ 时，$t=\frac{\pi}{2}$．于是

$$\int_{-1}^{1}(1-x^2)^5\mathrm{d}x=2\int_{0}^{1}(1-x^2)^5\mathrm{d}x=2\int_{0}^{\frac{\pi}{2}}(1-\sin^2 t)^5\cdot\cos t\mathrm{d}t$$

$$=2\int_{0}^{\frac{\pi}{2}}\cos^{11}t\mathrm{d}t=2\cdot\frac{10}{11}\cdot\frac{8}{9}\cdot\frac{6}{7}\cdot\frac{4}{5}\cdot\frac{2}{3}=\frac{512}{693}$$

7. 根据定积分的分部积分法，得

$$\int_0^{\pi} f(x)\mathrm{d}x = xf(x)\Big|_0^{\pi} - \int_0^{\pi} x\mathrm{d}f(x) = xf(x)\Big|_0^{\pi} - \int_0^{\pi} f'(x)x\mathrm{d}x$$

由 $f(x)=\int_0^{x}\frac{\sin t}{\pi - t}\mathrm{d}t$，得

$$f'(x)=\frac{\sin x}{\pi - x},\quad xf(x)\Big|_0^{\pi} = \pi f(\pi) - 0\cdot f(0) = \pi\int_0^{\pi}\frac{\sin t}{\pi - t}\mathrm{d}t$$

则有

$$\begin{aligned}\int_0^{\pi} f(x)\mathrm{d}x &= \pi\int_0^{\pi}\frac{\sin t}{\pi - t}\mathrm{d}t - \int_0^{\pi}\frac{\sin x}{\pi - x}\cdot x\mathrm{d}x = \int_0^{\pi}\frac{\sin x}{\pi - x}\cdot \pi\mathrm{d}x - \int_0^{\pi}\frac{\sin x}{\pi - x}\cdot x\mathrm{d}x \\ &= \int_0^{\pi}\frac{\sin x}{\pi - x}\cdot(\pi - x)\mathrm{d}x = \int_0^{\pi}\sin x\mathrm{d}x = -\cos x\Big|_0^{\pi} = 2\end{aligned}$$

习题 5–3

1. 判断下列广义积分的敛散性，若收敛，计算广义积分的值.

（4）$\displaystyle\int_{-\infty}^{+\infty}\frac{\mathrm{d}x}{x^2+2x+2} = \int_{-\infty}^{+\infty}\frac{\mathrm{d}(x+1)}{(x+1)^2+1} = \arctan(x+1)\Big|_{-\infty}^{+\infty}$

$$= \lim_{x\to+\infty}\arctan(x+1) - \lim_{x\to-\infty}\arctan(x+1) = \frac{\pi}{2} - \left(-\frac{\pi}{2}\right) = \pi .$$

（7）$\displaystyle\int_{-\infty}^{-1}\frac{\mathrm{d}x}{x^2(x^2+1)} = \int_{-\infty}^{-1}\left(\frac{1}{x^2} - \frac{1}{x^2+1}\right)\mathrm{d}x = \left(-\frac{1}{x} - \arctan x\right)\Bigg|_{-\infty}^{-1}$

$$= \left[-\frac{1}{-1} - \arctan(-1)\right] - \lim_{x\to-\infty}\left(-\frac{1}{x} - \arctan x\right) = 1 + \frac{\pi}{4} - \frac{\pi}{2} = 1 - \frac{\pi}{4}.$$

（12）令 $1-x^2=t$，则有

$$\int_0^1\frac{x}{\sqrt{1-x^2}}\mathrm{d}x = -\frac{1}{2}\int_0^1\frac{1}{(1-x^2)^{\frac{1}{2}}}\mathrm{d}(1-x^2) = -\frac{1}{2}\int_1^0\frac{1}{t^{\frac{1}{2}}}\mathrm{d}t = \frac{1}{2}\int_0^1\frac{1}{t^{\frac{1}{2}}}\mathrm{d}t$$

因为广义积分 $\int_0^a\frac{\mathrm{d}x}{x^q}$ 当 $q<1$ 时收敛，其值为 $\frac{a^{1-q}}{1-q}$，因此

$$\int_0^1\frac{x}{\sqrt{1-x^2}}\mathrm{d}x = \frac{1}{2}\int_0^1\frac{1}{t^{\frac{1}{2}}}\mathrm{d}t = \frac{1}{2}\cdot\frac{t^{-\frac{1}{2}+1}}{-\frac{1}{2}+1}\Bigg|_0^1 = 1$$

（14）$x=0$ 为 $\frac{\ln x}{\sqrt{x}}$ 的瑕点，则

$$\int_0^2\frac{\ln x}{\sqrt{x}}\mathrm{d}x = 2\int_0^2\ln x\mathrm{d}\sqrt{x} = 2\sqrt{x}\ln x\Big|_{0^+}^2 - 2\int_0^2\sqrt{x}\mathrm{d}\ln x$$

$$=2\sqrt{2}\ln 2-\lim_{x\to 0^+}2\sqrt{x}\ln x-2\int_0^2\frac{1}{\sqrt{x}}\mathrm{d}x$$

其中

$$\lim_{x\to 0^+}2\sqrt{x}\ln x=2\lim_{x\to 0^+}\frac{\ln x}{x^{-\frac{1}{2}}}=2\lim_{x\to 0^+}\frac{\frac{1}{x}}{-\frac{1}{2}x^{-\frac{3}{2}}}=-4\lim_{x\to 0^+}x^{\frac{1}{2}}=0$$

$$2\int_0^2\frac{1}{\sqrt{x}}\mathrm{d}x=4\sqrt{x}\Big|_{0^+}^2=4\sqrt{2}-\lim_{x\to 0^+}4\sqrt{x}=4\sqrt{2}$$

于是

$$\int_0^2\frac{\ln x}{\sqrt{x}}\mathrm{d}x=2\sqrt{2}\ln 2-0-4\sqrt{2}=2\sqrt{2}(\ln 2-2)$$

（15）$x=\frac{\pi}{2}$为$\sec x$的瑕点，则

$$\int_0^{\pi}\sec x\mathrm{d}x=\int_0^{\frac{\pi}{2}}\sec x\mathrm{d}x+\int_{\frac{\pi}{2}}^{\pi}\sec x\mathrm{d}x$$

又 $$\int_0^{\frac{\pi}{2}}\sec x\mathrm{d}x=(\ln|\sec x+\tan x|)\Big|_0^{\frac{\pi}{2}^-}=\lim_{x\to\frac{\pi}{2}^-}\ln|\sec x+\tan x|-\ln|\sec 0+\tan 0|=+\infty$$

即$\int_0^{\frac{\pi}{2}}\sec x\mathrm{d}x$发散，于是$\int_0^{\pi}\sec x\mathrm{d}x$发散.

2. 讨论以下广义积分的敛散性.

（1）令$\ln x=t$，则有

$$\int_2^{+\infty}\frac{\mathrm{d}x}{x(\ln x)^k}=\int_2^{+\infty}\frac{1}{(\ln x)^k}\mathrm{d}(\ln x)=\int_{\ln 2}^{+\infty}\frac{1}{t^k}\mathrm{d}t$$

因为广义积分$\int_a^{+\infty}\frac{\mathrm{d}x}{x^p}$当$p\leqslant 1$时发散；当$p>1$时收敛，其值为$\frac{a^{1-p}}{p-1}$. 因此，当$k\leqslant 1$时，$\int_2^{+\infty}\frac{\mathrm{d}x}{x(\ln x)^k}$发散；当$k>1$时，$\int_2^{+\infty}\frac{\mathrm{d}x}{x(\ln x)^k}$收敛，其值为$\frac{(\ln 2)^{1-k}}{k-1}$.

复习题五

一、选择题.

3. 由定积分的分部积分法，可得

$$I_2=\int_1^{\mathrm{e}}\ln^2 x\mathrm{d}x=(x\ln^2 x)\Big|_1^{\mathrm{e}}-\int_1^{\mathrm{e}}x\mathrm{d}(\ln^2 x)=\mathrm{e}-2\int_1^{\mathrm{e}}\ln x\mathrm{d}x=\mathrm{e}-2I_1$$

即$I_2+2I_1=\mathrm{e}$，选答案 C.

5. 已知 $f(x)$ 在区间 $[a,b]$ 上满足：$f(x)>0,\ f'(x)>0,\ f''(x)>0$，则 $f(x)$ 为区间 $[a,b]$ 上凹的、单增、正的函数（如右图）. 其中，$S_1=\int_a^b f(x)\mathrm{d}x$ 表示在 $[a,b]$ 上，曲边为 $f(x)$ 的曲边梯形的面积；$S_2=f(b)(b-a)$ 表示长为 $b-a$、宽为 $f(b)$ 的矩形的面积；$S_3=\dfrac{1}{2}[f(a)+f(b)](b-a)$ 表示上底为 $f(a)$、下底为 $f(b)$、高为 $b-a$ 的梯形的面积，易知 $S_1<S_3<S_2$，选答案 B.

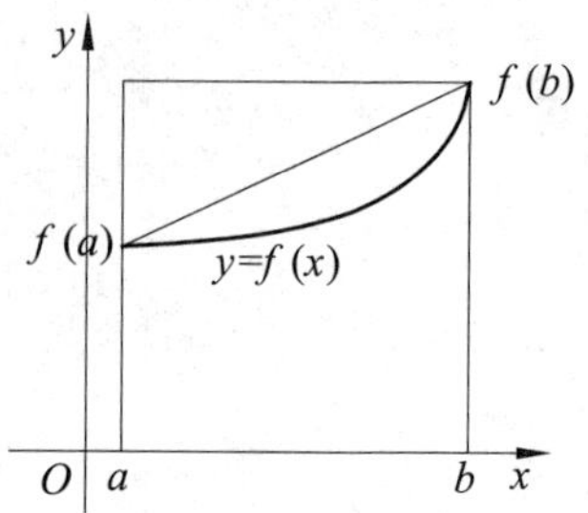

二、填空题.

4. 令 $\int_0^1 f(t)\mathrm{d}t=C$，则有 $f(x)=x+2C$，于是

$$\int_0^1 f(t)\mathrm{d}t=\int_0^1(t+2C)\mathrm{d}t=\left(\frac{1}{2}t^2+2Ct\right)\Bigg|_0^1=\frac{1}{2}+2C=C$$

即有 $C=-\dfrac{1}{2}$，得 $f(x)=x-1$.

6. 由于

$$\begin{aligned}f(n)&=\int_0^{\frac{\pi}{4}}\tan^n x\mathrm{d}x=\int_0^{\frac{\pi}{4}}\tan^{n-2}x\cdot\tan^2 x\mathrm{d}x=\int_0^{\frac{\pi}{4}}\tan^{n-2}x\cdot(\sec^2 x-1)\mathrm{d}x\\&=\int_0^{\frac{\pi}{4}}\tan^{n-2}x\cdot\sec^2 x\mathrm{d}x-\int_0^{\frac{\pi}{4}}\tan^{n-2}x\mathrm{d}x=\int_0^{\frac{\pi}{4}}\tan^{n-2}x\mathrm{d}\tan x-f(n-2)\\&=\frac{1}{n-1}\tan^{n-1}x\Bigg|_0^{\frac{\pi}{4}}-f(n-2)=\frac{1}{n-1}-f(n-2)\end{aligned}$$

因此

$$f(n)+f(n-2)=\frac{1}{n-1}$$

三、求下列定积分.

3. $$\begin{aligned}\int_{-2}^{2}\frac{x(\cos x+x)}{1+x^2}\mathrm{d}x&=\int_{-2}^{2}\left(\frac{x\cos x}{1+x^2}+\frac{x^2}{1+x^2}\right)\mathrm{d}x=2\int_0^2\frac{x^2}{1+x^2}\mathrm{d}x\\&=2\int_0^2\left(1-\frac{1}{1+x^2}\right)\mathrm{d}x=2(x-\arctan x)\Big|_0^2=4-2\arctan 2.\end{aligned}$$

8. 令 $\sqrt{x-1}=t$，则 $x=t^2+1,\ \mathrm{d}x=2t\mathrm{d}t$. 且当 $x=2$ 时，$t=1$；当 $x=4$ 时，$t=\sqrt{3}$. 于是

$$\int_2^4\frac{\mathrm{d}x}{x^2\sqrt{x-1}}=\int_1^{\sqrt{3}}\frac{2t\mathrm{d}t}{(t^2+1)^2 t}=2\int_1^{\sqrt{3}}\frac{\mathrm{d}t}{(t^2+1)^2}$$

令 $t=\tan\theta$, 则 $\mathrm{d}t=\sec^2\theta\mathrm{d}\theta$. 且当 $t=1$ 时，$\theta=\dfrac{\pi}{4}$；当 $t=\sqrt{3}$ 时，$\theta=\dfrac{\pi}{3}$. 于是

$$2\int_1^{\sqrt{3}}\frac{\mathrm{d}t}{(t^2+1)^2}=2\int_{\frac{\pi}{4}}^{\frac{\pi}{3}}\frac{\sec^2\theta}{\sec^4\theta}\mathrm{d}\theta=\int_{\frac{\pi}{4}}^{\frac{\pi}{3}}(1+\cos 2\theta)\mathrm{d}\theta=\left(\theta+\frac{1}{2}\sin 2\theta\right)\Bigg|_{\frac{\pi}{4}}^{\frac{\pi}{3}}=\frac{\pi}{12}+\frac{\sqrt{3}}{4}-\frac{1}{2}$$

即

$$\int_2^4\frac{\mathrm{d}x}{x^2\sqrt{x-1}}=\frac{\pi}{12}+\frac{\sqrt{3}}{4}-\frac{1}{2}$$

13. $\int_{-\frac{\pi}{4}}^{\frac{\pi}{4}}|x|(\cos^2 x+\sin x)\mathrm{d}x=2\int_0^{\frac{\pi}{4}}x\cos^2 x\mathrm{d}x=\int_0^{\frac{\pi}{4}}(x+x\cos 2x)\mathrm{d}x$

$$=\int_0^{\frac{\pi}{4}}x\mathrm{d}x+\frac{1}{2}\int_0^{\frac{\pi}{4}}x\mathrm{d}(\sin 2x)$$

$$=\frac{1}{2}x^2\Big|_0^{\frac{\pi}{4}}+\frac{1}{2}\left(x\sin 2x\Big|_0^{\frac{\pi}{4}}-\int_0^{\frac{\pi}{4}}\sin 2x\mathrm{d}x\right)$$

$$=\frac{\pi^2}{32}+\frac{\pi}{8}+\frac{1}{4}\cos 2x\Big|_0^{\frac{\pi}{4}}=\frac{\pi^2}{32}+\frac{\pi}{8}-\frac{1}{4}.$$

14. 令 $x=a\sin t,\ \mathrm{d}x=a\cos t\mathrm{d}t$．且当 $x=0$ 时，$t=0$；当 $x=a$ 时，$t=\frac{\pi}{2}$. 于是

$$\int_0^a x^4\sqrt{a^2-x^2}\mathrm{d}x=\int_0^{\frac{\pi}{2}}a^4\sin^4 t\cdot a\cos t\cdot a\cos t\mathrm{d}t=a^6\int_0^{\frac{\pi}{2}}\sin^4 t(1-\sin^2 t)\mathrm{d}t$$

$$=a^6\left(\int_0^{\frac{\pi}{2}}\sin^4 t\mathrm{d}t-\int_0^{\frac{\pi}{2}}\sin^6 t\mathrm{d}t\right)$$

$$=a^6\left(\frac{3}{4}\cdot\frac{1}{2}\cdot\frac{\pi}{2}-\frac{5}{6}\cdot\frac{3}{4}\cdot\frac{1}{2}\cdot\frac{\pi}{2}\right)=\frac{\pi}{32}a^6$$

15. $$\int_{\frac{1}{2}}^{\frac{3}{4}}\arcsin\sqrt{x}\mathrm{d}x=x\arcsin\sqrt{x}\Big|_{\frac{1}{2}}^{\frac{3}{4}}-\int_{\frac{1}{2}}^{\frac{3}{4}}x\mathrm{d}(\arcsin\sqrt{x})=\frac{\pi}{8}-\frac{1}{2}\int_{\frac{1}{2}}^{\frac{3}{4}}\frac{\sqrt{x}}{\sqrt{1-x}}\mathrm{d}x$$

$$=\frac{\pi}{8}-\frac{1}{4}\int_{\frac{1}{2}}^{\frac{3}{4}}\frac{\sqrt{1-(2x-1)^2}}{1-x}\mathrm{d}x$$

令 $2x-1=\sin t$，则 $x=\frac{1}{2}(\sin t+1),\ \mathrm{d}x=\frac{1}{2}\cos t\mathrm{d}t$．且当 $x=\frac{1}{2}$ 时，$t=0$；当 $x=\frac{3}{4}$ 时，$t=\frac{\pi}{6}$. 于是

$$\frac{\pi}{8}-\frac{1}{4}\int_{\frac{1}{2}}^{\frac{3}{4}}\frac{\sqrt{1-(2x-1)^2}}{1-x}\mathrm{d}x=\frac{\pi}{8}-\frac{1}{4}\int_0^{\frac{\pi}{6}}\frac{\cos t}{1-\frac{1}{2}(\sin t+1)}\cdot\frac{1}{2}\cos t\mathrm{d}t$$

$$=\frac{\pi}{8}-\frac{1}{4}\int_0^{\frac{\pi}{6}}\frac{\cos^2 t}{1-\sin t}\mathrm{d}t=\frac{\pi}{8}-\frac{1}{4}\int_0^{\frac{\pi}{6}}(1+\sin t)\mathrm{d}t$$

$$=\frac{\pi}{8}-\frac{1}{4}(t-\cos t)\Big|_0^{\frac{\pi}{6}}=\frac{\pi}{12}+\frac{\sqrt{3}}{8}-\frac{1}{4}$$

即
$$\int_{\frac{1}{2}}^{\frac{3}{4}}\arcsin\sqrt{x}\mathrm{d}x=\frac{\pi}{12}+\frac{\sqrt{3}}{8}-\frac{1}{4}$$

四、计算下列广义积分，判断其敛散性.

3. $x=1$ 为 $\frac{1}{x^2-4x+3}$ 的瑕点，于是

$$\int_{-1}^{1}\frac{\mathrm{d}x}{x^2-4x+3}=\int_{-1}^{1}\frac{\mathrm{d}(x-2)}{(x-2)^2-1}=\frac{1}{2}\cdot\ln\left|\frac{x-2-1}{x-2+1}\right|\Bigg|_{-1}^{1^+}$$

$$=\frac{1}{2}\lim_{x\to1^-}\ln\left|\frac{x-3}{x-1}\right|-\frac{1}{2}\ln\left|\frac{-1-3}{-1-1}\right|=+\infty$$

即广义积分 $\int_{-1}^{1}\frac{\mathrm{d}x}{x^2-4x+3}$ 发散.

6. $\int_{-\infty}^{0}\frac{\mathrm{d}x}{\mathrm{e}^x+\mathrm{e}^{-x}}=\int_{-\infty}^{0}\frac{\mathrm{e}^x}{\mathrm{e}^{2x}+1}\mathrm{d}x=\int_{-\infty}^{0}\frac{1}{\mathrm{e}^{2x}+1}\mathrm{d}(\mathrm{e}^x)=\arctan\mathrm{e}^x\Big|_{-\infty}^{0}$

$$=\arctan\mathrm{e}^0-\lim_{x\to-\infty}\arctan\mathrm{e}^x=\frac{\pi}{4}-0=\frac{\pi}{4}.$$

7. $$\int_{-\infty}^{+\infty}\frac{x}{1+x^2}\mathrm{d}x=\int_{-\infty}^{0}\frac{x}{1+x^2}\mathrm{d}x+\int_{0}^{+\infty}\frac{x}{1+x^2}\mathrm{d}x$$

令 $1+x^2=t$，则有

$$\int_{0}^{+\infty}\frac{x}{1+x^2}\mathrm{d}x=\frac{1}{2}\int_{0}^{+\infty}\frac{1}{1+x^2}\mathrm{d}(1+x^2)=\frac{1}{2}\int_{1}^{+\infty}\frac{1}{t}\mathrm{d}t$$

因为 $\int_{a}^{+\infty}\frac{\mathrm{d}x}{x^p}$ 当 $p\leqslant1$ 时发散，因此 $\int_{0}^{+\infty}\frac{x}{1+x^2}\mathrm{d}x$ 发散，于是 $\int_{-\infty}^{+\infty}\frac{x}{1+x^2}\mathrm{d}x$ 发散.

五、计算下列定积分.

2. 由于 $\int_{0}^{\pi}xf(\sin x)\mathrm{d}x=\frac{\pi}{2}\int_{0}^{\pi}f(\sin x)\mathrm{d}x$，则

$$\int_{0}^{\pi}\frac{x\sin x}{1+\cos^2 x}\mathrm{d}x=\frac{\pi}{2}\int_{0}^{\pi}\frac{\sin x}{1+\cos^2 x}\mathrm{d}x=-\frac{\pi}{2}\int_{0}^{\pi}\frac{1}{1+\cos^2 x}\mathrm{d}(\cos x)$$

$$=-\frac{\pi}{2}\arctan(\cos x)\Big|_{0}^{\pi}=\frac{\pi^2}{2}$$

七、由 $f(x)=\int_{0}^{x}(t-1)(t-2)^2\mathrm{d}t$，得

$$f'(x)=\left(\int_{0}^{x}(t-1)(t-2)^2\mathrm{d}t\right)'=(x-1)(x-2)^2$$

在区间 $[0,2]$ 上，当 $x\in(0,1)$ 时，$f'(x)<0$；当 $x\in(1,2)$ 时，$f'(x)>0$．因此当 $x=1$ 时，$f(x)$ 取得最小值 $f(1)$，即

$$f(1)=\int_{0}^{1}(t-1)(t-2)^2\mathrm{d}t=\int_{0}^{1}[(t-2)^3+(t-2)^2]\mathrm{d}t=\left[\frac{1}{4}(t-2)^4+\frac{1}{3}(t-2)^3\right]_{0}^{1}=-\frac{17}{12}$$

继而 $f(0)=0,\ f(2)=-\frac{4}{3}$，因此 $f(x)$ 取最大值 0 .

十、 $$\int_{-a}^{a}f(x)g(x)\mathrm{d}x=\int_{-a}^{0}f(x)g(x)\mathrm{d}x+\int_{0}^{a}f(x)g(x)\mathrm{d}x$$

其中 $$\int_{-a}^{0}f(x)g(x)\mathrm{d}x=\int_{a}^{0}f(-x)g(-x)\mathrm{d}(-x)=\int_{0}^{a}f(-x)g(x)\mathrm{d}x$$

因此
$$\int_{-a}^{a} f(x)g(x)\mathrm{d}x = \int_{0}^{a} f(-x)g(x)\mathrm{d}x + \int_{0}^{a} f(x)g(x)\mathrm{d}x$$
$$= \int_{0}^{a}[f(-x)+f(x)]g(x)\mathrm{d}x = A\int_{0}^{a} g(x)\mathrm{d}x$$

第六章　定积分的应用

习题 6-1

2. 求下列函数在给定区间上的均值.

（2）$f_{\text{ave}} = \dfrac{1}{2-0}\displaystyle\int_{0}^{2} 2x\mathrm{e}^{-x}\mathrm{d}x = -\int_{0}^{2} x\mathrm{d}\mathrm{e}^{-x} = -x\mathrm{e}^{-x}\Big|_{0}^{2} + \int_{0}^{2}\mathrm{e}^{-x}\mathrm{d}x$

$= -\dfrac{2}{\mathrm{e}^2} - \mathrm{e}^{-x}\Big|_{0}^{2} = -\dfrac{2}{\mathrm{e}^2} - \dfrac{1}{\mathrm{e}^2} + 1 = 1 - \dfrac{3}{\mathrm{e}^2}.$

3. 由 $f_{\text{ave}} = \dfrac{1}{\pi-0}\displaystyle\int_{0}^{\pi}(2\sin x - \sin 2x)\mathrm{d}x = \dfrac{1}{\pi}\left(-2\cos x + \dfrac{1}{2}\cos 2x\right)\Big|_{0}^{\pi} = \dfrac{4}{\pi}$，得

$$f(c) = 2\sin c - \sin 2c = \frac{\pi}{2} f_{\text{ave}} = \frac{\pi}{2}\cdot\frac{4}{\pi} = 2$$

则有
$$2\sin c(1-\cos c) = 2$$

当 $x\in[0,\pi]$ 时，可得 $c = \dfrac{\pi}{2}$.

习题 6-2

1. 求下列各曲线所围成的图形的面积.

（3）令 $y=\mathrm{e}^x$，$y=\mathrm{e}^{-x}$ 与直线 $x=1$ 围成的图形的面积为 A（如图（a）)，取 x 为积分变量，则

$$A = \int_{0}^{1}(\mathrm{e}^x - \mathrm{e}^{-x})\mathrm{d}x = (\mathrm{e}^x + \mathrm{e}^{-x})\Big|_{0}^{1} = \mathrm{e} + \frac{1}{\mathrm{e}} - 2$$

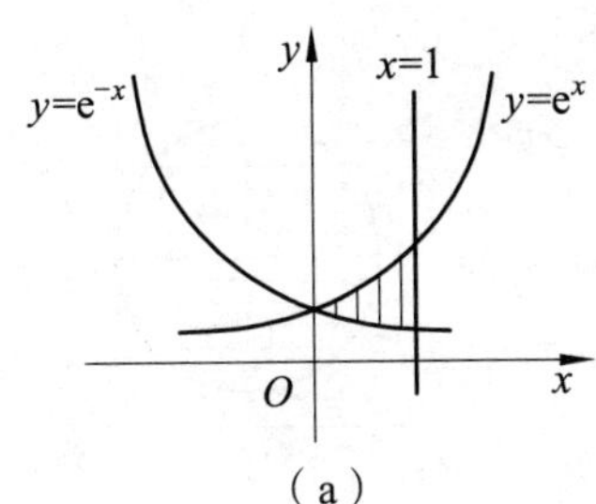

（a）

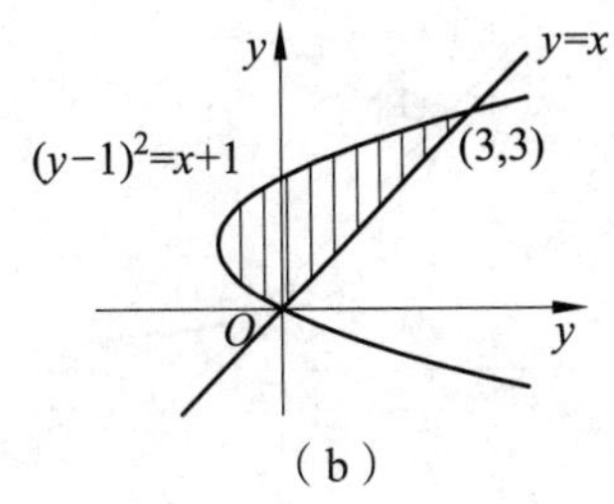

（b）

（6）求解 $\begin{cases}(y-1)^2=x+1\\ y=x\end{cases}$，得 $(y-1)^2=x+1$ 与 $y=x$ 的交点为 $(0,0),\ (3,3)$．令 $(y-1)^2=x+1$ 与 $y=x$ 围成的图形的面积为 A（如图（b）），取 y 为积分变量，则

$$A=\int_0^3\{y-[(y-1)^2-1]\}\mathrm{d}y=\left(-\frac{1}{3}y^3+\frac{3}{2}y^2\right)\Bigg|_0^3=\frac{9}{2}$$

（8）求解 $\begin{cases}y^2=2x\\ x^2+y^2=8\end{cases}$，得 $y^2=2x$ 与 $x^2+y^2=8$ 的交点为 $(2,2),(2,-2)$．令 $y^2=2x$ 与 $x^2+y^2=8$ 围成的图形的面积为 A_1, A_2（如右图），取 y 为积分变量，则

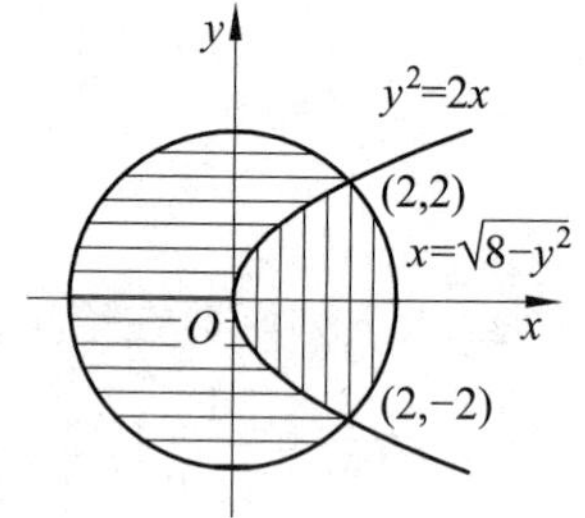

$$A_1=\int_{-2}^2\left(\sqrt{8-y^2}-\frac{y^2}{2}\right)\mathrm{d}y=2\int_0^2\left(\sqrt{8-y^2}-\frac{y^2}{2}\right)\mathrm{d}y$$

$$=2\left(\frac{8}{2}\arcsin\frac{y}{2\sqrt{2}}+\frac{y}{2}\sqrt{8-y^2}-\frac{y^3}{6}\right)\Bigg|_0^2=2\pi+\frac{4}{3}$$

继而，$A_2=8\pi-A_1=6\pi-\dfrac{4}{3}.$

4. 令抛物线 $\rho(1+\cos\theta)=8$ 与直线 $\theta=\pm\dfrac{\pi}{2}$ 围成的图形的面积为 A，由极坐标系下平面图形的面积公式，可得

$$A=\frac{1}{2}\int_{-\frac{\pi}{2}}^{\frac{\pi}{2}}\left(\frac{8}{1+\cos\theta}\right)^2\mathrm{d}\theta=16\int_0^{\frac{\pi}{2}}\left(\sec\frac{\theta}{2}\right)^4\mathrm{d}\theta=32\int_0^{\frac{\pi}{2}}\left(\sec\frac{\theta}{2}\right)^2\mathrm{d}\left(\tan\frac{\theta}{2}\right)$$

$$=32\int_0^{\frac{\pi}{2}}\left[\left(\tan\frac{\theta}{2}\right)^2+1\right]\mathrm{d}\left(\tan\frac{\theta}{2}\right)=32\left[\frac{1}{3}\left(\tan\frac{\theta}{2}\right)^3+\tan\frac{\theta}{2}\right]_0^{\frac{\pi}{2}}=42\frac{2}{3}$$

6. 求下列各曲线所围成的平面图形绕定轴旋转所得旋转体的体积.

（3）如图（a），求解 $\begin{cases}xy=5\\ x+y=6\end{cases}$，得 $xy=5,\ x+y=6$ 的交点为 $(5,1),\ (1,5)$．设区间 $[1,5]$ 上以 $x+y=6$（即 $x=6-y$）、$xy=5$（即 $x=\dfrac{5}{y}$）为曲边的曲边梯形绕 y 轴旋转而成的旋转体体积分别为 V_1, V_2，则所求旋转体的体积 V 为

$$V=V_1-V_2=\pi\int_1^5(6-y)^2\mathrm{d}y-\pi\int_1^5\left(\frac{5}{y}\right)^2\mathrm{d}y=\pi\left(36y-6y^2+\frac{y^3}{3}+\frac{25}{y}\right)\Bigg|_1^5=\frac{64}{3}\pi$$

（a）

（b）

（4）如图（b），设区间$[-4,4]$上以$y=5+\sqrt{16-x^2}$，$y=5-\sqrt{16-x^2}$为曲边的曲边梯形绕x轴旋转而成的旋转体体积分别为V_1，V_2，则所求旋转体的体积V为

$$V=V_1-V_2=\pi\int_{-4}^{4}(5+\sqrt{16-x^2})^2\mathrm{d}x-\pi\int_{-4}^{4}(5-\sqrt{16-x^2})^2\mathrm{d}x$$

$$=40\pi\int_{0}^{4}\sqrt{16-x^2}\mathrm{d}x=40\pi\left(\frac{16}{2}\arcsin\frac{x}{4}+\frac{x}{2}\sqrt{16-x^2}\right)\Bigg|_0^4=160\pi^2$$

8. 求下列曲线的弧长.

（2）令$\rho=\mathrm{e}^{a\theta}$相应于区间$[1,2]$的弧长为$s$，由极坐标系下平面曲线的弧长公式，可得

$$s=\int_{1}^{2}\sqrt{(\mathrm{e}^{a\theta})^2+[(\mathrm{e}^{a\theta})']^2}\mathrm{d}\theta=\sqrt{1+a^2}\int_{1}^{2}\mathrm{e}^{a\theta}\mathrm{d}\theta=\left(\frac{\sqrt{1+a^2}}{a}\mathrm{e}^{a\theta}\right)\Bigg|_1^2=\frac{\sqrt{1+a^2}}{a}\mathrm{e}^{a}(\mathrm{e}^{a}-1)$$

习题 6-3

3. 建立如图（a）所示的坐标系，以x为积分变量，$x\in[0,10]$；在$[0,10]$上任取一小区间$[x,x+\mathrm{d}x]$，位于x处、厚度为$\mathrm{d}x$的薄层水质量为

$$\rho\cdot\pi\cdot5^2\mathrm{d}x=25\pi\rho\mathrm{d}x$$

将厚度为$\mathrm{d}x$的薄层水抽出时，所做功的功微元为

$$\mathrm{d}w=25\pi\rho gx\mathrm{d}x$$

从而要把池中的水全部抽出来需做功

$$w=\int_{0}^{10}\mathrm{d}w=\int_{0}^{10}25\pi\rho gx\mathrm{d}x=25\pi\rho g\cdot\frac{1}{2}x^2\Big|_0^{10}\approx3.85\times10^7\text{（kJ）}$$

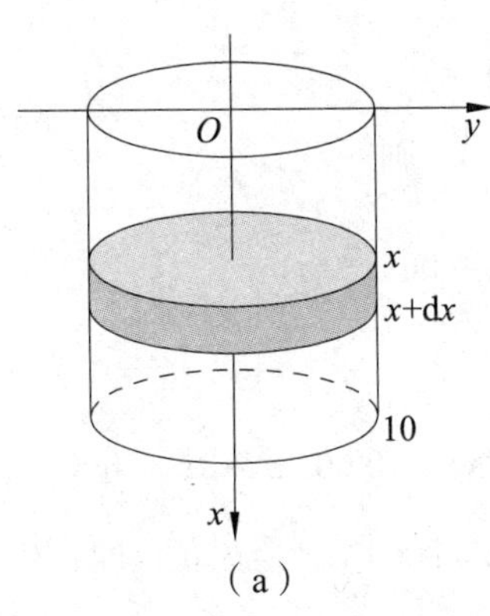

（a）

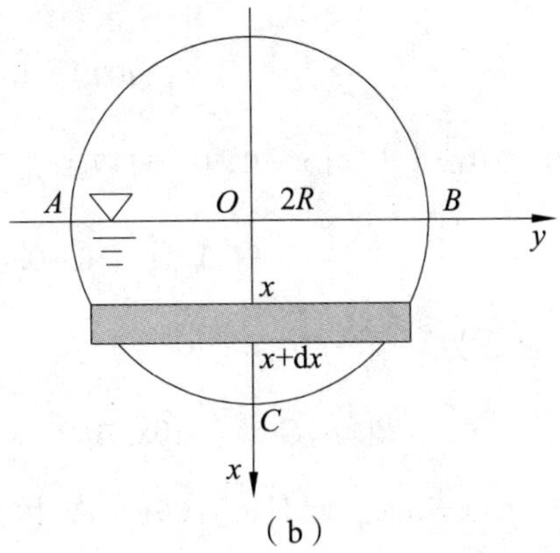

（b）

4. 建立如图（b）所示直角坐标系，其中O为AB的中点，则$A(0,-R)$, $B(0,R)$, $C(R,0)$，圆的方程为$x^2+y^2=R^2$．取x为积分变量，$x\in[0,R]$．在区间$[0,R]$上任取一小区间$[x,x+\mathrm{d}x]$，桶的圆形一侧相应于该小区间的区域上各点所受到的油的压强可近似等于油深为x m时的压

强：$P_x=\rho gx$，该区域的面积可近似等于小矩形的面积：$s=2\sqrt{R^2-x^2}\mathrm{d}x$，从而油对桶的圆形一侧的压力微元为

$$\mathrm{d}F=P_x s=2\rho gx\sqrt{R^2-x^2}\mathrm{d}x$$

因此桶的圆形一侧所受的压力为

$$\begin{aligned}F&=\int_0^R \mathrm{d}F=\int_0^R 2\rho gx\sqrt{R^2-x^2}\mathrm{d}x=-\rho g\int_0^R\sqrt{R^2-x^2}\mathrm{d}(R^2-x^2)\\&=-\frac{2}{3}\rho g(R^2-x^2)^{\frac{3}{2}}\Big|_0^R=\frac{2}{3}\rho gR^3\end{aligned}$$

7. 某物体作初速度为 3 m/s 的竖直下抛运动，则其速度 v 与时间 t 满足函数关系

$$v=3+gt$$

因此，前 2 s 时间内的平均速度为

$$\overline{v}=\frac{1}{2-0}\int_0^2 v\mathrm{d}t=\frac{1}{2}\int_0^2(3+gt)\mathrm{d}t=\left(\frac{3}{2}t+\frac{1}{4}gt^2\right)\Big|_0^2=3+g$$

2 s 时的瞬时速度为

$$v=v(2)=3+2g$$

继而，其比值为 $\frac{3+g}{3+2g}\approx 0.57$.

习题 6–4

2. 由边际收益可得总收益函数为

$$R(x)=\int_0^x R'(t)\mathrm{d}t+R_0$$

又 $R'(x)=10-0.01x$，且当 $x=0$ 时，总收益为 0，即 $R_0=0$. 则

$$R(x)=\int_0^x(10-0.01t)\mathrm{d}t=10x-0.005x^2$$

于是，利润函数为

$$L(x)=R(x)-C(x)=(10x-0.005x^2)-(200+2x)=-0.005x^2+8x-200$$

令 $L'(x)=0$，得 $x=800$. 此时 $L''(800)<0$，因此 $L(x)$ 在 $x=800$ 时取最大值. 即：生产 800 件时能获得最大利润.

5. 设这对夫妇每年等额地为孩子存入 A 元，10 年后攒够 5 万元，由公式可得

$$\int_0^{10} A\mathrm{e}^{0.02(10-t)}\mathrm{d}t = 50\ 000$$

即
$$-50A\mathrm{e}^{0.2}\int_0^{10}\mathrm{e}^{-0.02t}\mathrm{d}(-0.02t) = 50\ 000$$

故
$$-50A\mathrm{e}^{0.2}\cdot\mathrm{e}^{-0.02t}\Big|_0^{10} = 50\ 000$$

解得 $A=\dfrac{1000}{\mathrm{e}^{0.2}-1}\approx 4\ 517$，即这对夫妇每年应等额地为孩子存入 4 517 元钱.

复习题六

一、选择题.

2. 由椭圆 $\dfrac{x^2}{a^2}+\dfrac{y^2}{b^2}=1$ 所围成的图形绕 x 轴及 y 轴旋转而成的旋转体体积分别为

$$V_1=\frac{4}{3}\pi ab^2,\quad V_2=\frac{4}{3}\pi a^2 b$$

因此 $\dfrac{V_1}{V_2}=\dfrac{b}{a}$，选答案 C.

4. 由一阶连续可导函数 $y=f(x)$ 在区间 $[a,b]$ 上的弧长公式 $s=\int_a^b\sqrt{1+(y')^2}\,\mathrm{d}x$ 及参数方程 $\begin{cases}x=\varphi(t)\\y=\psi(t)\end{cases}$，$x\in[\alpha,\beta]$，可得曲线 $\begin{cases}x=\varphi(t)\\y=\psi(t)\end{cases}$ 在 $[\alpha,\beta]$ 上的弧长为

$$s=\int_a^b\sqrt{1+(y')^2}\,\mathrm{d}x=\int_\alpha^\beta\sqrt{1+\left[\frac{\psi'(t)}{\varphi'(t)}\right]^2}\,\mathrm{d}\varphi(t)=\int_\alpha^\beta\sqrt{1+\left[\frac{\psi'(t)}{\varphi'(t)}\right]^2}\,\varphi'(t)\mathrm{d}t$$
$$=\int_\alpha^\beta\sqrt{[\varphi'(t)]^2+[\psi'(t)]^2}\,\mathrm{d}t$$

因此选答案 D.

二、填空题.

3. 电动势 E 为时间 t 的函数 $E=E_0\sin\dfrac{2\pi}{T}t$，则它在半个周期内的平均电动势为

$$\overline{E}=\frac{1}{\frac{T}{2}}\int_0^{\frac{T}{2}}E\mathrm{d}t=\frac{2}{T}\int_0^{\frac{T}{2}}E_0\sin\frac{2\pi}{T}t\mathrm{d}t=\frac{2E_0}{\pi}$$

四、求解方程组 $\begin{cases}\rho=1\\\rho=1-\cos\theta\end{cases}$，得两曲线的交点为 $\left(1,\dfrac{\pi}{2}\right),\left(1,-\dfrac{\pi}{2}\right)$（如右图），由公式及图形特点得

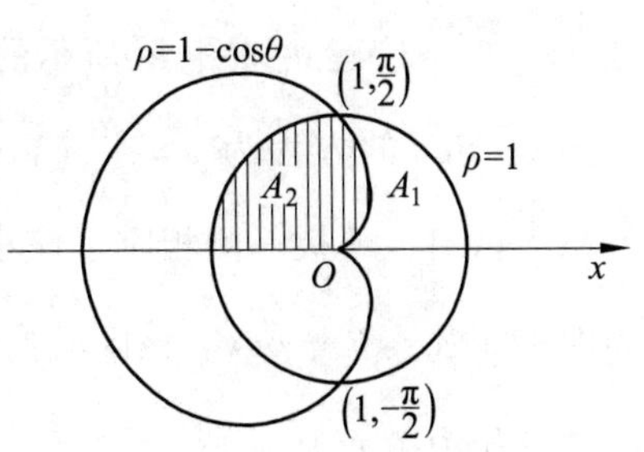

$$A=2(A_1+A_2)=2\left[\int_0^{\frac{\pi}{2}}\frac{1}{2}(1-\cos\theta)^2\mathrm{d}\theta+\int_{\frac{\pi}{2}}^{\pi}\frac{1}{2}\cdot1^2\mathrm{d}\theta\right]$$

$$=\left(\frac{3}{2}\theta-2\sin\theta+\frac{1}{4}\sin 2\theta\right)\Bigg|_0^{\frac{\pi}{2}}+\theta\Bigg|_{\frac{\pi}{2}}^{\pi}=\frac{5}{4}\pi-2.$$

五、易知抛物线 $y=1-x^2$ 与 x 轴的交点为 $(-1,0),(1,0)$.

（1）取 x 为积分变量，$x\in[-1,1]$，则抛物线 $y=1-x^2$ 与 x 轴围成的图形 D 的面积 A（如右图）为

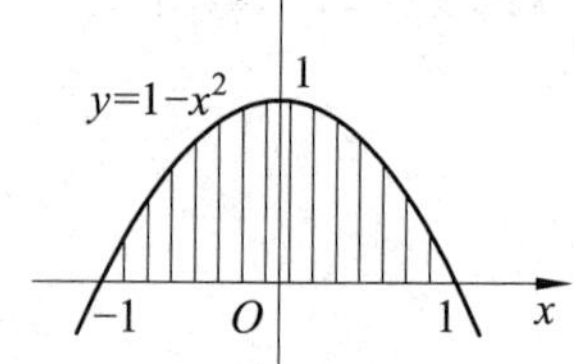

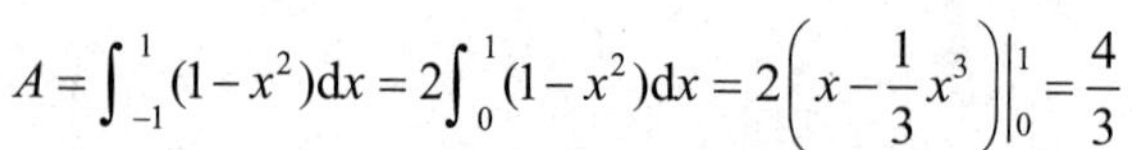

$$A=\int_{-1}^{1}(1-x^2)\mathrm{d}x=2\int_0^1(1-x^2)\mathrm{d}x=2\left(x-\frac{1}{3}x^3\right)\Bigg|_0^1=\frac{4}{3}$$

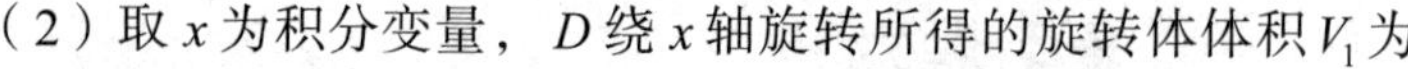

（2）取 x 为积分变量，D 绕 x 轴旋转所得的旋转体体积 V_1 为

$$V_1=\pi\int_{-1}^{1}(1-x^2)^2\mathrm{d}x=2\pi\int_0^1(1-2x^2+x^4)\mathrm{d}x$$
$$=2\pi\left(x-\frac{2}{3}x^3+\frac{1}{5}x^5\right)\Bigg|_0^1=\frac{16}{15}\pi$$

（3）取 y 为积分变量，$y\in[0,1]$，y 轴右方的抛物线为 $x=\sqrt{1-y}$，则 D 绕 y 轴旋转所得的旋转体体积 V_2 为

$$V_2=\pi\int_0^1(\sqrt{1-y})^2\mathrm{d}y=\pi\int_0^1(1-y)\mathrm{d}y=\pi\left(y-\frac{1}{2}y^2\right)\Bigg|_0^1=\frac{1}{2}\pi$$

（4）由曲线弧长的计算公式，可得抛物线 $y=1-x^2$ 在 x 轴上方的曲线弧长 s 为

$$s=\int_{-1}^{1}\sqrt{1+[(1-x^2)']^2}\mathrm{d}x=\int_{-1}^{1}\sqrt{1+4x^2}\mathrm{d}x=2\int_0^1\sqrt{1+4x^2}\mathrm{d}x$$
$$=2\int_0^{\arctan 2}\sec t\mathrm{d}\left(\frac{1}{2}\tan t\right)=\int_0^{\arctan 2}\sec t\mathrm{d}(\tan t)$$
$$=\sec t\tan t\Big|_0^{\arctan 2}-\int_0^{\arctan 2}\tan^2 t\sec t\mathrm{d}t$$
$$=2\sqrt{5}-\int_0^{\arctan 2}(\sec^3 t-\sec t)\mathrm{d}t=2\sqrt{5}-s+\int_0^{\arctan 2}\sec t\mathrm{d}t$$

因此

$$s=\sqrt{5}+\frac{1}{2}\int_0^{\arctan 2}\sec t\mathrm{d}t=\sqrt{5}+\frac{1}{2}\ln\left|\sec t+\tan t\right|\Big|_0^{\arctan 2}=\sqrt{5}+\frac{1}{2}\ln(2+\sqrt{5})$$

八、（1）建立如图（a）所示的直角坐标系，其中 O 为 AB 的中点，则 $A(0,-a),B(0,a),C(h,0)$，直线 BC 的方程为 $y=-\frac{a}{h}x+a$. 取 x 为积分变量，$x\in[0,h]$. 在区间 $[0,h]$ 上任取一小区间 $[x,x+\mathrm{d}x]$，薄板一侧相应于该小区间的区域上各点所受到的水的压强可近似等于水深为 xm 时的压强：$P_x=\rho gx$，该区域的面积可近似等于小矩形的面积：$s=2\left(-\frac{a}{h}x+a\right)\mathrm{d}x$，则薄板一侧的压力微元为

$$\mathrm{d}F = P_x s = 2\rho g x\left(-\frac{a}{h}x + a\right)\mathrm{d}x$$

因此薄板一侧所受的压力为

$$F = \int_0^h \mathrm{d}F = \int_0^h 2\rho g x\left(-\frac{a}{h}x + a\right)\mathrm{d}x = 2\rho g\left(-\frac{a}{3h}x^3 + \frac{a}{2}x^2\right)\Big|_0^h = \frac{1}{3}\rho g a h^2$$

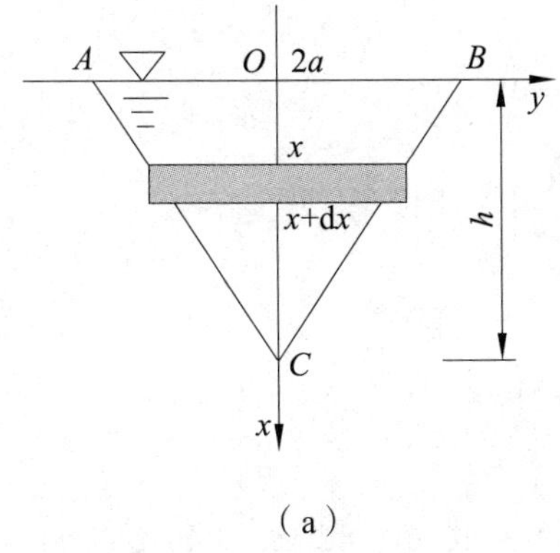

（a）

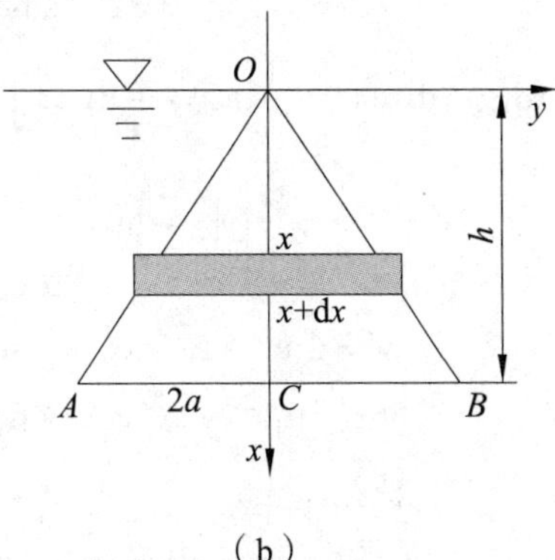

（b）

（2）翻转薄板，使其顶点与水平面相齐，底平行于水平面，建立如图（b）所示的直角坐标系，其中 C 为 AB 的中点，则 $A(h,-a), B(h,a)$ 及 $C(h,0)$，直线 OB 的方程为 $y=\frac{a}{h}x$，则薄板一侧的压力微元为

$$\mathrm{d}F = P_x s = \frac{2\rho g a}{h}x^2\mathrm{d}x$$

因此薄板一侧所受的压力为

$$F = \int_0^h \mathrm{d}F = \int_0^h \frac{2\rho g a}{h}x^2\mathrm{d}x = \frac{2\rho g a}{h}\cdot\frac{x^3}{3}\Big|_0^h = \frac{2}{3}\rho g a h^2$$

故翻转薄板后，水对薄板压力的增加量为

$$\frac{2}{3}\rho g a h^2 - \frac{1}{3}\rho g a h^2 = \frac{1}{3}\rho g a h^2$$

十、由于每月租金为 1 万元，所以每年租金为 12 万元，故租金流量为 $R(t)=12$，于是租金流总量的现值为

$$R_0 = \int_0^{15} 12\,\mathrm{e}^{-0.05t}\mathrm{d}t = -240\,\mathrm{e}^{-0.05t}\Big|_0^{15} \approx 127$$

因 127>100，因此购买仪器划算.

第七章 微分方程

习题 7-1

2.（1）$y'=4x^3$，$y''=12x^2\neq 3x^2-\sin x$，所以不是；

（2）$x\mathrm{d}y+y\mathrm{d}x=0\Rightarrow \frac{1}{y}\mathrm{d}y=-\frac{1}{x}\mathrm{d}x\Rightarrow \int\frac{1}{y}\mathrm{d}y=\int\left(-\frac{1}{x}\right)\mathrm{d}x$

$$\Rightarrow \ln|y|=-\ln|x|+C\Rightarrow \ln|y|=\ln\left|\frac{C_1}{x}\right|$$，所以是；

（5）
$$y'=C_1\mathrm{e}^{2x}+2C_1x\mathrm{e}^{2x}+C_2\mathrm{e}^x$$
$$y''=2C_1\mathrm{e}^{2x}+2C_1\mathrm{e}^{2x}+4C_1x\mathrm{e}^{2x}+C_2\mathrm{e}^x=4C_1\mathrm{e}^{2x}+4C_1x\mathrm{e}^{2x}+C_2\mathrm{e}^x$$

则
$$\begin{aligned}&y''-4y'+4y\\=&4C_1\mathrm{e}^{2x}+4C_1x\mathrm{e}^{2x}+C_2\mathrm{e}^x-4C_1\mathrm{e}^{2x}-8C_1x\mathrm{e}^{2x}-4C_2\mathrm{e}^x+4C_1x\mathrm{e}^{2x}+4C_2\mathrm{e}^x\\=&C_2\mathrm{e}^x\end{aligned}$$

所以不是通解.

3. 设 $y=f(x)$，$f'(x)=2x$，则

$$f(x)=\int f'(x)\mathrm{d}x=\int 2x\mathrm{d}x=x^2+C$$

又因为
$$y=f(x)\big|_{x=1}=1+C=2\Rightarrow C=1$$

所以
$$y=f(x)=x^2+1$$

习题 7-2

1.（1）$\frac{1}{y}\mathrm{d}y=\frac{2x}{1+x^2}\mathrm{d}x\Rightarrow\int\frac{1}{y}\mathrm{d}y=\int\frac{2x}{1+x^2}\mathrm{d}x\Rightarrow\ln|y|=\ln\left|1+x^2\right|+C$

$$\Rightarrow\ln|y|=\ln\left|C_1(1+x^2)\right|\Rightarrow y=C_1(1+x^2)$$；

（4）$(\mathrm{e}^x+1)\frac{\mathrm{d}y}{\mathrm{d}x}=y\mathrm{e}^x\Rightarrow\frac{1}{y}\mathrm{d}y=\frac{\mathrm{e}^x}{\mathrm{e}^x+1}\mathrm{d}x\Rightarrow\int\frac{1}{y}\mathrm{d}y=\int\frac{\mathrm{e}^x}{\mathrm{e}^x+1}\mathrm{d}x$

$$\Rightarrow\ln|y|=\ln\left|1+\mathrm{e}^x\right|+C\Rightarrow y=C_1(1+\mathrm{e}^x)$$；

（6）$(xy^2+x)\mathrm{d}x-(y-x^2y)\mathrm{d}y=0\Rightarrow x(y^2+1)\mathrm{d}x=y(1-x^2)\mathrm{d}y\Rightarrow\frac{x}{1-x^2}\mathrm{d}x=\frac{y}{1+y^2}\mathrm{d}y$

$$\Rightarrow \int \frac{x}{1-x^2}\mathrm{d}x = \int \frac{y}{1+y^2}\mathrm{d}y$$

$$\Rightarrow -\frac{1}{2}\int \frac{-2x}{1-x^2}\mathrm{d}x = \frac{1}{2}\int \frac{2y}{1+y^2}\mathrm{d}y$$

$$\Rightarrow -\frac{1}{2}\ln\left|1-x^2\right| = \frac{1}{2}\ln\left|1+y^2\right| + C$$

$$\Rightarrow \ln\left|1-x^2\right| = -\ln\left|1+y^2\right| + C_1 \Rightarrow 1+y^2 = \frac{C_1}{1-x^2}$$

$$\Rightarrow y^2 = \frac{C_1}{1-x^2} - 1 \Rightarrow y = \pm\sqrt{\frac{C_1}{1-x^2} - 1} .$$

2.（1）

$$x\frac{\mathrm{d}y}{\mathrm{d}x} = 1-2x^2 \Rightarrow \mathrm{d}y = \frac{1-2x^2}{x}\mathrm{d}x \Rightarrow \int \mathrm{d}y = \int \frac{1-2x^2}{x}\mathrm{d}x$$

$$\Rightarrow \int \mathrm{d}y = \int\left(\frac{1}{x} - 2x\right)\mathrm{d}x \Rightarrow y = \ln|x| - x^2 + C$$

因为 $y\big|_{x=1} = -1 + C = 1$，得 $C = 2$，所以

$$y = \ln|x| - x^2 + 2$$

（3）

$$\frac{\mathrm{d}y}{\mathrm{d}x} = \mathrm{e}^{2x}\mathrm{e}^{-y} \Rightarrow \mathrm{e}^{y}\mathrm{d}y = \mathrm{e}^{2x}\mathrm{d}x \Rightarrow \int \mathrm{e}^{y}\mathrm{d}y = \int \mathrm{e}^{2x}\mathrm{d}x$$

$$\Rightarrow \mathrm{e}^{y} = \frac{1}{2}\mathrm{e}^{2x} + C \Rightarrow y = \ln\left(\frac{1}{2}\mathrm{e}^{2x} + C\right)$$

因为 $y\big|_{x=0} = \ln\left(\frac{1}{2} + C\right) = 0$，得 $C = \frac{1}{2}$，所以

$$y = \ln\left(\frac{1}{2}\mathrm{e}^{2x} + \frac{1}{2}\right)$$

3.（2）$P(x) = 1,\ Q(x) = \mathrm{e}^{-x}$，则

$$y = \mathrm{e}^{-\int \mathrm{d}x}\left(C + \int \mathrm{e}^{-x}\mathrm{e}^{\int \mathrm{d}x}\mathrm{d}x\right) \Rightarrow y = \mathrm{e}^{-x}\left(C + \int \mathrm{d}x\right) \Rightarrow y = \mathrm{e}^{-x}(C + x)$$

（4）$P(x) = -\frac{2}{x},\ Q(x) = x^2\mathrm{e}^{x}$，则

$$y = \mathrm{e}^{-\int\left(-\frac{2}{x}\right)\mathrm{d}x}\left[C + \int x^2\mathrm{e}^{x}\mathrm{e}^{\int\left(-\frac{2}{x}\right)\mathrm{d}x}\mathrm{d}x\right] \Rightarrow y = \mathrm{e}^{2\ln|x|}\left(C + \int x^2\mathrm{e}^{x}\mathrm{e}^{-2\ln|x|\mathrm{d}x}\mathrm{d}x\right)$$

$$\Rightarrow y = x^2\left[C + \int x^2\mathrm{e}^{x}x^{-2}\mathrm{d}x\right] \Rightarrow y = x^2(C + \mathrm{e}^{x})$$

（6）$P(x) = \cos x,\ Q(x) = \mathrm{e}^{-\sin x}$，则

$$y = \mathrm{e}^{-\int \cos x\mathrm{d}x}\left(C + \int \mathrm{e}^{-\sin x}\mathrm{e}^{\int \cos x\mathrm{d}x}\mathrm{d}x\right)$$

$$\Rightarrow y = \mathrm{e}^{-\sin x}\left(C + \int \mathrm{e}^{-\sin x}\mathrm{e}^{\sin x}\mathrm{d}x\right) \Rightarrow y = \mathrm{e}^{-\sin x}(C + x)$$

4.（1）$P(x) = -1,\ Q(x) = \mathrm{e}^{x}$，则

$$y=e^{-\int P(x)dx}\left[C+\int e^{x}e^{\int(-1)dx}dx\right]\Rightarrow y=e^{x}\left(C+\int dx\right)$$

$$\Rightarrow y=e^{x}(C+x)$$

因为 $y\big|_{x=0}=C=1$，所以 $y=e^{x}(1+x)$.

（4）$\dfrac{dy}{dx}+\dfrac{1}{x}y=\dfrac{3}{x}$. 这里 $P(x)=\dfrac{1}{x}$, $Q(x)=\dfrac{3}{x}$，则

$$y=e^{-\int\frac{1}{x}dx}\left(C+\int\frac{3}{x}e^{\int\frac{1}{x}dx}dx\right)\Rightarrow y=e^{-\ln x}\left(C+\int\frac{3}{x}e^{\ln x}dx\right)$$

$$\Rightarrow y=x^{-1}(C+3x)$$

因为 $y\big|_{x=1}=C+3=0$，得 $C=-3$，所以

$$y=3-\frac{3}{x}$$

（6）
$$\frac{dy}{dx}=\frac{1}{x}-\frac{2}{x}y-\frac{1}{x^2}\Rightarrow y'+\frac{2}{x}y=\frac{1}{x}-\frac{1}{x^2}$$

这里 $P(x)=\dfrac{2}{x}$, $Q(x)=\dfrac{1}{x}-\dfrac{1}{x^2}$，则

$$y=e^{-\int\frac{2}{x}dx}\left[C+\int\left(\frac{1}{x}-\frac{1}{x^2}\right)e^{\int\frac{2}{x}dx}dx\right]\Rightarrow y=x^{-2}\left[C+\int(x-1)dx\right]$$

$$\Rightarrow y=x^{-2}\left(C+\frac{1}{2}x^2-x\right)\Rightarrow y=\frac{1}{2}-x^{-1}+Cx^{-2}$$

因为 $y\big|_{x=1}=\dfrac{1}{2}-1+C=0$，得 $C=\dfrac{1}{2}$，所以

$$y=\frac{1}{2}-x^{-1}+\frac{1}{2}x^{-2}$$

5. $y'=2x+y$. 则 $y'-y=2x$. 这里 $P(x)=-1$, $Q(x)=2x$，则

$$y=e^{-\int(-1)dx}\left[C+\int 2xe^{\int(-1)dx}dx\right]\Rightarrow y=e^{x}\left(C+\int 2xe^{-x}dx\right)$$

$$\Rightarrow y=e^{x}\left[C-2xe^{-x}-\int(-2e^{-x})dx\right]$$

$$\Rightarrow y=e^{x}(C-2xe^{-x}-2e^{-x})$$

因为 $y\big|_{x=0}=C-2=0$，得 $C=2$，所以

$$y=e^{x}(2-2xe^{-x}-2e^{-x})\Rightarrow y=2(e^{x}-x-1)$$

习题 7-3

1.（1）假设 $\exists A,B\in\mathbf{R}$, s.t. $A(2x)+Bx^2=0\Rightarrow A=B=0$, 线性无关.

（2）假设 $\exists A,B\in\mathbf{R}$，且 A,B 不全为0，s.t. $A\left(\ln\frac{1}{x}\right)+B\ln x^2=0\Rightarrow$ 只要满足 $2B-A=0$ 即可，线性相关.

2.（2）特征方程

$$r^2-4r=0$$

其根 $r_1=0,\ r_2=4$ 是两个不相等的实根，因此所求通解为

$$y=C_1+C_2\mathrm{e}^{4x}$$

（4）特征方程

$$r^2-4r+4=0$$

其根 $r_1=r_2=2$ 是两个相等的实根，因此所求通解为

$$y=(C_1+C_2x)\mathrm{e}^{2x}$$

（6）特征方程

$$r^2-2r+2=0$$

其根 $r_1=1+\mathrm{i},\ r_2=1-\mathrm{i}$ 为一对共轭复根，因此所求通解为

$$y=\mathrm{e}^x(C_1\cos x+C_2\sin x)$$

（8）特征方程

$$r^2+4r+5=0$$

其根 $r_1=-2+\mathrm{i},\ r_2=-2-\mathrm{i}$ 为一对共轭复根，因此所求通解为

$$y=\mathrm{e}^{-2x}(C_1\cos x+C_2\sin x)$$

3.（1）特征方程

$$r^2-4r+3=0$$

其根 $r_1=3,\ r_2=1$ 是两个不相等的实根，因此所求通解为

$$y=C_1\mathrm{e}^{3x}+C_2\mathrm{e}^x$$

则

$$y'=3C_1\mathrm{e}^{3x}+C_2\mathrm{e}^x$$

由

$$\begin{cases}y\big|_{x=0}=C_1+C_2=6\\ y'\big|_{x=0}=3C_1+C_2=10\end{cases}\Rightarrow\begin{cases}C_1=2\\ C_2=4\end{cases}$$

于是所求特解为

$$y=2\mathrm{e}^{3x}+4\mathrm{e}^x$$

（3）特征方程

$$r^2-6r+9=0$$

其根 $r_1 = r_2 = 3$ 是两个相等的实根，因此所求通解为

$$y = (C_1 + C_2 x)e^{3x}$$

则
$$y' = C_2 e^{3x} + 3(C_1 + C_2 x)e^{3x}$$

由
$$\begin{cases} y|_{x=0} = C_1 = 1 \\ y'|_{x=0} = 3C_1 + C_2 = 2 \end{cases} \Rightarrow \begin{cases} C_1 = 1 \\ C_2 = -1 \end{cases}$$

于是所求特解为

$$y = (1-x)e^{3x}$$

（4）特征方程

$$r^2 - 4r + 13 = 0$$

其根 $r_1 = 2+3i,\ r_2 = 2-3i$ 是一对共轭复根，因此所求通解为

$$y = e^{2x}(C_1 \cos 3x + C_2 \sin 3x)$$

则
$$y' = e^{2x}[(2C_1 + 3C_2)\cos 3x + (2C_2 - 3C_1)\sin 3x]$$

由
$$\begin{cases} y|_{x=0} = C_1 = 1 \\ y'|_{x=0} = 2C_1 + 3C_2 = -1 \end{cases} \Rightarrow \begin{cases} C_1 = 1 \\ C_2 = -1 \end{cases}$$

于是所求特解为

$$y = e^{2x}(\cos 3x - \sin 3x)$$

4.（1）找对应齐次方程的通解.

与所给方程对应的齐次方程为

$$y'' + y' - 2y = 0$$

其特征方程为

$$r^2 + r - 2 = 0$$

有两个不相等实根 $r_1 = -2,\ r_2 = 1$．于是与所给方程对应的齐次方程的通解为

$$y = C_1 e^{-2x} + C_2 e^{x}$$

再找方程的一个特解.

由于 $\alpha = 1$ 是 $r^2 + r - 2 = 0$ 的单根，所以其特解为

$$y^* = \frac{2}{3}xe^{x}$$

所以原方程的通解为

$$y = C_1 e^{-2x} + C_2 e^{x} + \frac{2}{3}xe^{x}$$

（3）找对应齐次方程的通解.

与所给方程对应的齐次方程为

$$y'' + 2y' + y = 0$$

其特征方程为

$$r^2 + 2r + 1 = 0$$

有一对相等实根 $r_1 = r_2 = -1$．于是与所给方程对应的齐次方程的通解为

$$y = (C_1 + C_2 x)\mathrm{e}^{-x}$$

由于 $\alpha = -1$ 是 $r^2 + 2r + 1 = 0$ 的重根，故设

$$y^* = Bx^2\mathrm{e}^{-x}$$

则 $$y^{*\prime} = B(2x\mathrm{e}^{-x} - x^2\mathrm{e}^{-x}),\quad y^{*\prime\prime} = B(2\mathrm{e}^{-x} - 2x\mathrm{e}^{-x} - 2x\mathrm{e}^{-x} + x^2\mathrm{e}^{-x})$$

由 $$y^{*\prime\prime} + 2y^{*\prime} + y = 5\mathrm{e}^{-x} \Rightarrow B = \frac{5}{2}$$

所以原方程的通解为

$$y = (C_1 + C_2 x)\mathrm{e}^{-x} + \frac{5}{2}x^2\mathrm{e}^{-x}$$

（6）找对应齐次方程的通解.

与所给方程对应的齐次方程为

$$y'' - y = 0$$

其特征方程为

$$r^2 - 1 = 0$$

其两个不相等实根 $r_1 = 1,\ r_2 = -1$．于是与所给方程对应的齐次方程的通解为

$$y = C_1\mathrm{e}^{x} + C_2\mathrm{e}^{-x}$$

再找原方程的一个特解.

由于 $\alpha = 2$ 不是 $r^2 - 1 = 0$ 的根，故设

$$y^* = B\mathrm{e}^{2x}$$

则 $$y^{*\prime} = 2B\mathrm{e}^{2x},\quad y^{*\prime\prime} = 4B\mathrm{e}^{2x}$$

由 $$y^{*\prime\prime} - y^{*\prime} = \mathrm{e}^{2x} \Rightarrow B = \frac{1}{3}$$

所以原方程的通解为

$$y = C_1\mathrm{e}^{x} + C_2\mathrm{e}^{-x} + \frac{1}{3}\mathrm{e}^{2x}$$

（10）找对应齐次方程的通解.

与所给方程对应的齐次方程为

$$y''-2y'+5y=0$$

其特征方程为

$$r^2-2r+5=0$$

有一对共轭复根 $r_1=1+2\mathrm{i}, r_2=1-2\mathrm{i}$. 于是与所给方程对应的齐次方程的通解为

$$y=\mathrm{e}^x(C_1\cos 2x+C_2\sin 2x)$$

再找原方程的一个特解.

由于 2i 不是 $r^2-2r+5=0$ 的根，故设

$$y^*=B(C\cos 2x+D\sin 2x)$$

所以

$$y^{*\prime}=2B(-C\sin 2x+D\cos 2x)\,,\quad y^{*\prime\prime}=4B(-C\cos 2x-D\sin 2x)$$

故

$$B[(C-4D)\cos 2x+(4C+D)\sin 2x]=\cos 2x$$

由

$$\begin{cases}4C+D=0\\ B(C-4D)=1\end{cases}\Rightarrow\begin{cases}D=-4C\\ BC=\dfrac{1}{17}\end{cases}\Rightarrow\begin{cases}BC=\dfrac{1}{17}\\ BD=-\dfrac{4}{17}\end{cases}$$

所以原方程的通解为

$$y=\mathrm{e}^x(C_1\cos 2x+C_2\sin 2x)+\frac{1}{17}\cos 2x-\frac{4}{17}\sin 2x$$

5.（1）找对应齐次方程的通解.

与所给方程对应的齐次方程为

$$y''-3y'+2y=0$$

其特征方程为

$$r^2-3r+2=0$$

有两个不相等实根 $r_1=2, r_2=1$. 于是与所给方程对应的齐次方程的通解为

$$y=C_1\mathrm{e}^{2x}+C_2\mathrm{e}^x$$

设其特解为 $y^*=C$，则

$$y^{*\prime}=0,\quad y^{*\prime\prime}=0$$

则

$$2C=5\Rightarrow C=\frac{5}{2}$$

所以原方程的通解为

$$y=C_1\mathrm{e}^{2x}+C_2\mathrm{e}^x+\frac{5}{2}$$

因此
$$y' = 2C_1e^{2x} + C_2e^x$$

由
$$\begin{cases} y|_{x=0} = C_1 + C_2 + \dfrac{5}{2} = 1 \\ y'|_{x=0} = 2C_1 + C_2 = 2 \end{cases} \Rightarrow \begin{cases} C_1 = \dfrac{7}{2} \\ C_2 = -5 \end{cases}$$

所以其特解为

$$y = \frac{7}{2}e^{2x} - 5e^x + \frac{5}{2}$$

习题 7–4

1. 已知 $y' = 2x + y,\ y\big|_{x=0} = 0$，则

$$y' - y = 2x$$

所以 $P(x) = -1,\ Q(x) = 2x$. 则其通解为

$$y = e^{-\int P(x)dx}\left[C + \int Q(x)e^{\int P(x)dx}dx\right]$$

即 $$y = e^{\int dx}\left[C + \int 2xe^{\int(-1)dx}dx\right] = e^x\left[C + \int 2xe^{-x}dx\right] = e^x[C - 2xe^{-x} - 2e^{-x}] = Ce^x - 2x - 2$$

由
$$y\big|_{x=0} = -2 + C = 0 \Rightarrow C = 2$$

所以此曲线的方程为

$$y = 2e^x - 2x - 2$$

复习题七

二、选择题.

1. 选 C.

$$\tan x\frac{dy}{dx} = y \Rightarrow \frac{1}{y}dy = \cot x dx \Rightarrow \int\frac{1}{y}dy = \int\cot x dx \Rightarrow y = C\sin x$$

3. 选 A.

$$\frac{1}{2y}dy = \frac{1}{x}dx \Rightarrow \int\frac{1}{2y}dy = \int\frac{1}{x}dx \Rightarrow y = Cx^2$$

4. 选 A.

$$P(x) = -\frac{2}{x+1} \Rightarrow y = Ce^{-\int\left(-\frac{2}{x+1}\right)dx} = Ce^{2\ln(1+x)} \Rightarrow y = C(1+x)^2$$

6. 选 A.

$$r^2-2r-3=0 \Rightarrow r_1=3,\ r_2=-1 \Rightarrow y=C_1\mathrm{e}^{3x}+C_2\mathrm{e}^{-x}$$

7. 选 C.

$$r^2-4r+4=0 \Rightarrow r_1=r_2=2 \Rightarrow y=(C_1+C_2x)\mathrm{e}^{2x}$$

当 $C_1=0,\ C_2=1$ 时，$y_1=x\mathrm{e}^{2x}$；当 $C_1=1,\ C_2=0$ 时，$y_2=\mathrm{e}^{2x}$.

三、计算题.

1.（1）$(1+y^2)\mathrm{d}x=y(x+x^3)\mathrm{d}y \Rightarrow \dfrac{1}{x(1+x^2)}\mathrm{d}x=\dfrac{y}{1+y^2}\mathrm{d}y$

$$\Rightarrow \int\frac{1}{x(1+x^2)}\mathrm{d}x=\int\frac{y}{1+y^2}\mathrm{d}y$$

$$\Rightarrow \ln x-\frac{1}{2}\ln(1+x^2)=\frac{1}{2}\ln(1+y^2)+C$$

（3）$\mathrm{e}^x(\mathrm{e}^y+1)\mathrm{d}x=-\mathrm{e}^y(\mathrm{e}^x+1)\mathrm{d}y \Rightarrow \dfrac{\mathrm{e}^x}{1+\mathrm{e}^x}\mathrm{d}x=-\dfrac{\mathrm{e}^y}{1+\mathrm{e}^y}\mathrm{d}y$

$$\Rightarrow \int\frac{\mathrm{e}^x}{1+\mathrm{e}^x}\mathrm{d}x=-\int\frac{\mathrm{e}^y}{1+\mathrm{e}^y}\mathrm{d}y$$

$$\Rightarrow \ln(\mathrm{e}^x+1)=\ln(\mathrm{e}^y+1)+C$$

2.（2）$(1+x^2)\mathrm{d}y=\arctan x\mathrm{d}x \Rightarrow \mathrm{d}y=\dfrac{\arctan x}{1+x^2}\mathrm{d}x$

$$\Rightarrow \int\mathrm{d}y=\int\frac{\arctan x}{1+x^2}\mathrm{d}x$$

$$\Rightarrow y=\frac{1}{2}(\arctan x)^2+C$$

由

$$y\big|_{x=0}=C=0 \Rightarrow y=\frac{1}{2}(\arctan x)^2$$

（3）$\cos y\mathrm{d}x=(1+\mathrm{e}^{-x})\sin y\mathrm{d}y \Rightarrow \dfrac{\mathrm{e}^x}{1+\mathrm{e}^x}\mathrm{d}x=\dfrac{\sin y}{\cos y}\mathrm{d}y \Rightarrow \displaystyle\int\frac{\mathrm{e}^x}{1+\mathrm{e}^x}\mathrm{d}x=\int\frac{\sin y}{\cos y}\mathrm{d}y$

$$\Rightarrow \ln(1+\mathrm{e}^x)=-\ln\cos y+C$$

由

$$\ln(1+\mathrm{e}^0)=-\ln\cos\frac{\pi}{4}+C \Rightarrow C=\frac{1}{2}\ln 2$$

所以

$$y=\frac{\sqrt{2}}{1+\mathrm{e}^x}$$

3.（1）$P(x)=1, Q(x)=\mathrm{e}^{-x}$. 所以

$$y=\mathrm{e}^{-\int\mathrm{d}x}\left[C+\int\mathrm{e}^{-x}\mathrm{e}^{\int\mathrm{d}x}\mathrm{d}x\right] \Rightarrow y=\mathrm{e}^{-x}\left(C+\int\mathrm{d}x\right)$$

所以

$$y=\mathrm{e}^{-x}(C+x)$$

4.（1）令 $u=\dfrac{y}{x}, y=xu$，所以 $\dfrac{\mathrm{d}y}{\mathrm{d}x}=u+x\dfrac{\mathrm{d}u}{\mathrm{d}x}$. 代入原方程得

$$u+x\frac{\mathrm{d}u}{\mathrm{d}x}=u+\mathrm{e}^{u}\Rightarrow x\frac{\mathrm{d}u}{\mathrm{d}x}=\mathrm{e}^{u}\Rightarrow \mathrm{e}^{-u}\mathrm{d}u=\frac{1}{x}\mathrm{d}x$$

$$\Rightarrow\int\mathrm{e}^{-u}\mathrm{d}u=\int\frac{1}{x}\mathrm{d}x\Rightarrow -\mathrm{e}^{-u}=\ln x+C$$

所以其通解为

$$\mathrm{e}^{-\frac{y}{x}}=-\ln(c_1x)$$

四、证明：
$$y_1'=-2\sin 2x, y_1''=-4\cos 2x$$

所以
$$y_1''+4y_1=-4\cos 2x+4\cos 2x=0\ ,$$

所以 y_1 是方程的解.

$$y_2'=2\cos 2x,\ y_2''=-4\sin 2x$$

所以
$$y_2''+4y_2=-4\sin 2x+4\sin 2x=0\ ,$$

所以 y_2 是方程的解.

又 y_1,y_2 线性无关，故根据定理，$y=C_1\cos 2x+C_2\sin 2x$ 为其通解.

六、2. 证明：对应齐次方程为

$$y''-3y'+2y=0$$

其特征方程为

$$r^2-3r+2=0$$

有两个不相等实根 $r_1=2,\ r_2=1$，于是对应齐次方程的通解为

$$y=C_1\mathrm{e}^{x}+C_2\mathrm{e}^{2x}$$

另，令 $y^*=\frac{1}{12}\mathrm{e}^{5x}$，则

$$y^{*\prime}=\frac{5}{12}\mathrm{e}^{5x},\ y^{*\prime\prime}=\frac{25}{12}\mathrm{e}^{5x}$$

所以
$$y^{*\prime\prime}-3y^{*\prime}+2y^*=\frac{25}{12}\mathrm{e}^{5x}-\frac{15}{12}\mathrm{e}^{5x}+\frac{2}{12}\mathrm{e}^{5x}=\mathrm{e}^{5x}$$

所以 y^* 是 $y''-3y'+2y=\mathrm{e}^{5x}$ 的特解，所以 $y=c_1\mathrm{e}^{x}+c_2\mathrm{e}^{2x}+\frac{1}{12}\mathrm{e}^{5x}$ 为 $y''-3y'+2y=\mathrm{e}^{5x}$ 的通解.

参考答案

习题 1–1

1. $f(-1)=-4$，$f(1)=2$，$f(2)=5$.

2.（1）$[-5,-3)\cup(-3,3)\cup(3,5]$；（2）$(0,1)\cup(1,4]$；（3）$[1,0)\cup(0,1]$.

3. $[-3,-1]\cup[1,3]$.

4.（1）奇函数,（2）非奇非偶函数,（3）奇函数,（4）偶函数.

5. 是，4π.

6.（1）$\sec\dfrac{\pi}{6}=\dfrac{2}{\sqrt{3}}$；（2）$\sec\dfrac{3\pi}{4}=-\sqrt{2}$；

（3）$\csc\dfrac{\pi}{2}=1$；（4）$\csc\dfrac{-\pi}{3}=-\dfrac{2}{\sqrt{3}}$；

（5）$\arcsin 1=\dfrac{\pi}{2}$；（6）$\arcsin\dfrac{-1}{2}=-\dfrac{\pi}{6}$；

（7）$\arccos\dfrac{1}{2}=\dfrac{\pi}{3}$；（8）$\arccos\dfrac{-\sqrt{2}}{2}=\dfrac{3\pi}{4}$；

（9）$\arctan 1=\dfrac{\pi}{4}$；（10）$\operatorname{arccot}\sqrt{3}=\dfrac{\pi}{6}$；

（11）$\sin\left(\arcsin\dfrac{-\sqrt{2}}{2}\right)=-\dfrac{\sqrt{2}}{2}$；（12）$\arcsin\left(\sin\dfrac{3\pi}{4}\right)=\dfrac{\pi}{4}$.

7.（1）$y=3^u$，$u=x^2$；（2）$y=\tan u$，$u=\sqrt{v}$，$v=3x-1$；

（3）$y=\ln u$，$u=\sin v$，$v=\dfrac{1}{x}$；（4）$y=u^2$，$u=\cos v$，$v=1-2x$.

8. 不是.　9. $f(x)=2-2x^2$.　10. $y=\begin{cases}1, & 0<x\leqslant 5\\ 2, & 5<x\leqslant 15\\ 2.5, & 15<x\leqslant 30\end{cases}$.

11. 设总体造价为 R，底面边长为 x，水池高为 y，单位面积造价为 1，则

$$R=2x^2+\frac{4V}{x}$$

12. 设个人月收入为 x，月纳税金额为 y，则

$$y=\begin{cases}0, & x\leqslant 3500\\(x-3500)\times 3\%, & 3500<x\leqslant 5000\\45+(x-5000)\times 10\%, & 5000<x\leqslant 8000\\345+(x-8000)\times 20\%, & 8000<x\leqslant 9000\end{cases}$$

习题 1-2

1. (1)收敛，0；(2)收敛，1；(3)发散；(4)发散.

2. 不存在.　　3. 不存在.　　4. 不存在.　　5. 不存在.

习题 1-3

1. (1) 2；(2) 1；(3) 3；(4) 4；(5) $\frac{1}{2}$；(6) -1.

2. 不存在，2.

3. (1) $\frac{a-1}{3a^2}$；(2) n；(3) $\frac{3}{2}$；(4) ∞；(5) 0；(6) $\frac{1}{2^{30}\cdot 3^{20}}$.

4. (1) 1；(2) $-\frac{1}{2}$.　　5. 3.

6. (1) 100万；(2)不会，会，会.

习题 1-4

1. (1) $\frac{3}{2}$；(2) $\frac{2}{5}$；(3) $-\frac{1}{5}$；(4) $-\frac{1}{3}$；(5) π；(6) 2；(7) -1；(8) $\frac{1}{2}$；
(9) 2；(10) a.

2. (1) e^5；(2) $e^{\frac{1}{3}}$；(3) e；(4) e^6；(5) e^3；(6) e^6；(7) e；(8) e；
(9) e；(10) e^3.

习题 1-5

1. (1)无穷大；(2)无穷小；(3) $x\to 0^+$ 时为无穷大，$x\to 0^-$ 时为无穷小；
(4)无穷大.

2.（1）$x \to k\pi$ 时为无穷小，$x \to k\pi + \frac{\pi}{2}$ 时为无穷大；

（2）$x \to \infty$ 时为无穷小，$x \to 0$ 时为无穷大；

（3）$x \to +\infty$ 时为无穷小，$x \to -\infty$ 时为无穷大.

3.（1）$\frac{3}{2}$；（2）$\frac{1}{5}$；（3）0；（4）∞；（5）3；（6）0；（7）$\frac{3}{5}$；（8）2.

4.（1）同阶；（2）等价.

习题 1–6

1. 略.　　2. 0.75.

3. $(-\infty,-2)\cup(-2,3)\cup(3,+\infty)$； -2； 3.

4. 一.　　5. $k=1$.

6.（1）2；（2）0；（3）$\frac{\sqrt{2}}{2}$；（4）$\frac{1}{a^2}$；（5）1；（6）$\frac{1}{2}$；（7）$\ln\frac{\pi}{6}$；（8）$\frac{1}{2}$；

（9）3；（10）0.

7. 略.　　8. 略.

复习题一

一、1. ×； 2. ×； 3. √； 4. ×； 5. ×.

二、1. C； 2. A； 3. C； 4. C； 5. B； 6. D； 7. B； 8. A； 9. C； 10. D.

三、1. $\frac{2}{5}$； 2. $2x$； 3. $\frac{3}{4}$； 4. 2.　　四、1. $\frac{7}{8}$； 2. $e^{\frac{1}{2}}$.

五、1. $y=e^u,\ u=\sin v,\ v=3x$.　　2. $y=\cos u,\ u=\frac{1}{v},\ v=\sqrt{w},\ w=2x^2+1$.

六、$a=0,\ b=3$.　　七、10.

八、不连续，冰水混合物在 0 °C 时吸收热量而不改变温度.

九、间断点 1, 2, 3, 4, 5；应尽量在间断点之前取车.

十、是.

习题 2–1

1.（1）$\bar{v}=4+\Delta t$；　（2）$\bar{v}=4.1$；　（3）$v=4$.

2.（1）-1 ,-1；　（2）$2x$,4.

3.（1）$y' = 100x^{99}$；（2）$y' = -\dfrac{1}{2x\sqrt{x}}$.

4. 切线方程为 $x+y-2=0$，法线方程为 $x-y=0$.

5. $\left(\dfrac{1}{3}, \dfrac{1}{3} - \ln 3\right)$. 6. $m'(x_0)$. 7. $\theta'(t_0)$. 8. $\theta'(t_0)$.

*9.（1）连续但不可导；（2）连续但不可导.

习题 2-2

1.（1）$y' = 3x^2 - 3$；（2）$y' = \dfrac{3}{x} - \cos x$；

（3）$y' = 2x - \dfrac{1}{x^2}$；（4）$y' = 2\ln a \cdot x$；

（5）$y' = \dfrac{3}{2}\sqrt{x} + \dfrac{1}{2\sqrt{x}} - 1$；（6）$y' = -x\sin x + \sin x \ln x + \dfrac{x-1}{x}(1+\cos x)$；

（7）$y' = \dfrac{x^2+2x+2}{(2-x^2)^2}$；（8）$y' = \dfrac{1-\cos x - x\sin x}{(1-\cos x)^2}$；

（9）$y' = 2x\arcsin x + \dfrac{x^2}{\sqrt{1-x^2}}$；（10）$y' = (\ln x + 1)\sin x + x\ln x\cos x$.

2.（1）2；（2）$-6\pi - 1$；（3）$-\dfrac{1}{2\mathrm{e}}$；（4）16.

3.（1）$y' = 2\cos 2x$；（2）$y' = -\sin 2x$；

（3）$y' = 9(2x-1)(x^2-x+1)^8$；（4）$y' = 3\mathrm{e}^{3x}$；

（5）$y' = 2x\sec^2(x^2+1)$；（6）$y' = \dfrac{1}{2}\sec^2\dfrac{x}{2} - 2\csc 2x\cot 2x$；

（7）$y' = 2x\cot x^2$；（8）$y' = \dfrac{x}{\sqrt{(1-x^2)^3}}$；

（9）$y' = -6\cos^2(x^2+1)\sin(x^2+1)$；（10）$y' = \dfrac{\sec^2(2x+1)}{\sqrt{\tan(2x+1)}}$；

（11）$y' = \dfrac{x}{a^2+x^2}$；（12）$y' = \dfrac{1}{2\sqrt{x}}\cos\sqrt{x} + \dfrac{1}{2\sqrt{\sin x}}\cos x$；

（13）$y' = \dfrac{1-x+2x^2}{\sqrt{x^2+1}}$；（14）$y' = \dfrac{1}{2\sqrt{x}}\cot\sqrt{x}$.

4.（1）$\dfrac{1}{4}$；（2）$\dfrac{\sqrt{2}}{2\mathrm{e}}$.

5.（1）$y' = -\dfrac{x}{\sqrt{1-x^2}}\arccos x - 1$；（2）$y' = \dfrac{1}{x\sqrt{1-x^2}} - \dfrac{\arcsin x}{x^2}$；

（3）$y' = -\dfrac{1}{x^2+1}$；（4）$y' = \arcsin(\ln x) + \dfrac{1}{\sqrt{1-\ln^2 x}}$.

*6.（1）$y'=\dfrac{\cos x}{f(\sin x)}f'(\sin x)$；（2）$y'=\dfrac{x}{\sqrt{1+x^2}}g'(\sqrt{1+x^2})$.

7. $C\omega U_{\mathrm{m}}\cos\omega t$.　8. $-km_0\mathrm{e}^{-kt}$.　9. $-2.8\ \mathrm{km/h}$.　10. $\dfrac{16}{25\pi}\ \mathrm{m/s}$.

习题 2-3

1.（1）$\dfrac{x^2+2y}{y^2-2x}$；（2）$\dfrac{\mathrm{e}^y}{1-x\mathrm{e}^y}$；（3）$\dfrac{y^2+1}{y^2+2}$；

（4）$-\dfrac{y^2\mathrm{e}^x}{y\mathrm{e}^x+1}$；（5）$\dfrac{\cos y-\cos(x+y)}{x\sin y+\cos(x+y)}$；（6）$y'=\dfrac{2\sin x}{\cos y-2}$.

2. 切线方程为 $y=1$.

3.（1）$x^{\mathrm{e}^x}\mathrm{e}^x\left(\dfrac{1}{x}+\ln x\right)$；

（2）$(1+x^2)^{\tan x}\left[\sec^2 x\ln(1+x^2)+\dfrac{2x\tan x}{1+x^2}\right]$；

（3）$\dfrac{1}{2}\sqrt{\dfrac{(1-x)(x-2)}{x(x-3)}}\left(\dfrac{1}{x-1}+\dfrac{1}{x-2}-\dfrac{1}{x}-\dfrac{1}{x-3}\right)$；

（4）$\dfrac{\sqrt[5]{x-3}\sqrt[3]{3x-2}}{\sqrt{x+2}}\left[\dfrac{1}{5(x-3)}+\dfrac{1}{3x-2}-\dfrac{1}{2(x+2)}\right]$.

4.（1）$2t$；（2）$-\dfrac{b}{a}\cot t$.

5.（1）$2-\dfrac{1}{x^2}$；（2）$2\arctan x+\dfrac{2x}{1+x^2}$；（3）$-\dfrac{R^2}{y^3}$；（4）$\dfrac{\mathrm{e}^{2y}(2+x\mathrm{e}^y)}{(1+x\mathrm{e}^y)^3}$.

*6.（1）$\dfrac{1}{a}$；（2）$-\dfrac{1}{4a\sin^4\dfrac{t}{2}}, -\dfrac{1}{a}$.

7.（1）$2^n\mathrm{e}^{2x}$；（2）$y^{(n)}=\begin{cases}1+\ln x, n=1\\(-1)^n\dfrac{(n-2)!}{x^{n-1}}, n\geqslant 2\end{cases}$；

（3）$2^n\sin\left(2x+\dfrac{n}{2}\pi\right)$；（4）$(-1)^n\dfrac{2n!}{(1+x)^{n+1}}$.

习题 2-4

1.（1）$\Delta y=0,\ \mathrm{d}y=-1$；（2）$\Delta y=-0.09,\ \mathrm{d}y=-0.1$；（3）$\Delta y=-0.009\,9,\ \mathrm{d}y=-0.01$.

2.（1）$\Delta y=0.04,\ \mathrm{d}y=0.04$；（2）$\Delta y=-0.059\,9,\ \mathrm{d}y=-0.06$.

3.（1）$dy=3x^2dx$；（2）$dy=\left(\frac{1}{2\sqrt{x}}-1\right)dx$；（3）$dy=2e^{\sin 2x}\cdot\cos 2xdx$；

（4）$dy=-4x(4-x^2)dx$；（5）$dy=\frac{e^x}{1+e^{2x}}dx$；（6）$dy=-e^{-x}(\sin x+\cos x)dx$；

（7）$dy=-\frac{2}{(x-1)^2}dx$；（8）$dy=\frac{1}{x\sqrt{x}}\left(1-\frac{1}{2}\ln x\right)dx$.

4.（1）$\sin x+C$；（2）x^2+x+C；（3）e^x+C；

（4）$\ln x+C$；（5）$\arctan x+C$；（6）$-\cos x+C$；

（7）$\frac{3}{2}x^2+C$；（8）$\frac{1}{\omega}\sin\omega x+C$；（9）$\ln|1+x|+C$；

（10）$\frac{1}{2}e^{-2x}+C$；（11）$2\sqrt{x}+C$；（12）$\frac{1}{3}\tan 3x+C$·

5.（1）0.03；（2）0.04；（3）1.05；（4）0.02；（5）1.006；（6）2.745 5.

6. $\Delta V=30.301\ m^2$, $dV=30\ m^2$.　7. 1.1184.　8. 略.

复习题二

一、1. C；2. C；3. D；4. B；5. B；*6. B；7. C.

二、1. 6；　2. $2x+2^x\ln 2$；　3. $-\frac{y^2}{1+xy}dx$；　*4. $f'(0)$；

5. $2f'(2x)$；　*6. 0,1；　*7. 2,−1.

三、1. $2x-\frac{1}{2\sqrt{x}}$；　2. $\sec x(2\sec x+\tan x)$；　3. $e^x(x^2+1)$；

4. $\frac{1}{x\sqrt{1-x^2}}-\frac{\arcsin x}{x^2}$；　5. $-2\cos(3-2x)$；　6. $\frac{1}{2\sqrt{x-x^2}}$；

7. $\frac{1}{\sqrt{x^2+5}}$；　8. $\sec x$；

9. $(1+x^2)^x\left[\ln(1+x^2)+\frac{2x^2}{1+x^2}\right]$；　10. $\frac{\sqrt{x+1}}{\sqrt[3]{x^2+2}}\left[\frac{1}{2(x+1)}-\frac{2x}{3(x^2+2)}\right]$.

四、1. $\frac{4}{3}\sqrt{3}$；　2. $\frac{8}{(\pi+2)^2}$；　*3. $\frac{\sqrt{3}}{9}$；　4. $-1-\frac{\pi}{2}$.

五、1. $3\tan 3x dx$；　2. $\frac{1}{x\sqrt{x^2-1}}dx$；

3. $3\cos(1-2x)\sin(2-4x)dx$；　4. $\frac{1}{(x^2+1)\sqrt{x^2-1}}dx$.

六、$\frac{t}{2}$, $\frac{1+t^2}{4t}$.　七、$\frac{y(y-x\ln y)}{x(x-y\ln x)}$.　八、略.

*九、（1）$3f'(x_0)$；（2）$2f'(x_0)$.

十、$p'(t_0)$表示年储藏量，t_0年采油量为$p'(t_0+1)-p'(t_0)$.

十一、$\Delta S=6.31\ cm^2$，$dS=6.28\ cm^2$.　十二、$10\ cm^2/s$.

十三、1.5 m/s.　　十四、$v(t)=-(1+2t)e^{-2t}$，$a(t)=4te^{-2t}$.

习题 3–1

1.（1）错误. 因为不满足罗尔定理的条件.

2.（1）C；（2）A；（3）A；（4）A；（5）C.

3.（1）$\dfrac{a+b}{2}$.　（2）$e^{f(\xi)}\cdot f'(\xi)(b-a)$.　（3）3；（0,1），(1,2)，(2,3).

4. 略.

习题 3–2

1.（1）×；（2）×.

2. （1）2；（2）$\dfrac{2}{3\sqrt[6]{a}}$；（3）$\dfrac{2}{3}$；（4）1；（5）$\dfrac{2}{\pi}$；（6）$+\infty$.

3.（1）$-e$；（2）$-\dfrac{1}{6}$；（3）$\dfrac{1}{2}$；（4）$\dfrac{1}{2}$.（5）1；（6）1.

4. 略

习题 3–3

1.（1）$(-1,3)$； $(-\infty,-1)$ 和 $(3,+\infty)$.

（2）$(-1,0)$ 和 $(0,1)$； $(-\infty,-1)$ 和 $(1,+\infty)$.

（3）**R**.

2. 略.

3.（1）增区间：$(-1,0)$，$(1,+\infty)$；减区间：$(-\infty,-1)$，$(0,1)$.

（2）增区间：$(-\infty,0)$，$(1,+\infty)$；减区间：$(0,1)$.

（3）增区间：$(-3,0)$，$(3,+\infty)$；减区间：$(-\infty,-3)$，$(0,3)$.

习题 3–4

1.（1）错误；（2）错误；（3）正确.

2.（1）$-\frac{2}{3},-\frac{1}{6}$；（2）$x=0$；（3）;（4）0.

3.（1）D;（2）D;（3）D;（4）D;（5）A.

4.（1）极大值为 $y\left(\frac{1}{3}\right)=\frac{\sqrt[3]{4}}{3}$，极小值为 $y(1)=0$；

（2）极大值 $y(-1)=10$，极小值 $y(3)=-22$；

（3）函数的极大值为 $y\left(\frac{1}{2}\right)=\frac{81}{4}\sqrt[3]{\frac{9}{4}}$，极小值为 $y(-1)=0, y(5)=0$；

（4）$f_{极大值}(-2)=21, f_{极小值}(1)=-6$.

5.（1）$a=1$，$b=4$;（2）单调递增区间为 $(-\infty,-1)$ 和 $(1,+\infty)$.

6. $-3,2$ 是 $y'=0$ 的根 $\Rightarrow a=1.5$，$b=-18$；$(2,-10)$在曲线上 $\Rightarrow c=12$.

习题 3–5

1.（1）$\frac{\pi}{6}+\sqrt{3}$；$\frac{\pi}{2}$.（2）3；11，2；-11.

2.（1）A;（2）D;（3）D.

3.（1）最大值 $f(2)=8$，最小值 $f(-2)=-8$；

（2）最大值 $f(4)=36$，最小值 $f(-2)=0$；

（3）最大值 $f(1)=f\left(-\frac{1}{2}\right)=1$，最小值 $f(2)=-4$；

（4）最大值 $f(2)=\sqrt[3]{4}$，最小值 $f(0)=0$；

（5）最大值 $f(2\pi)=2+2\pi$，最小值 $f(-\pi)=-2-\pi$；

（6）最大值 $f(-2)=20$，最小值 $f(1)=0$.

4. 两直角边分别为 $\frac{c}{3},\frac{c}{\sqrt{3}}$ 时，直角三角形的面积最大.

5. 当 $x=\sqrt{\frac{40}{\pi+4}}$ 时，材料最省.

6. 当水厂建在离甲城 $50-40.82=9.18$（千米）时，总的费用最省.

7. 令 $y'=0$，得 $x=0, x=2$. 由下表可知 $m=3$. 所以最小值为 $f(-2)=-37$.

x	-2	$(-2,0)$	0	$(0,2)$	2
		+		−	
y	$-40+m$	↗	m	↘	$-8+m$

习题 3–6

1.（1）正确.

2.（1）$(0,0)$；（2）$(0,+\infty)$；（3）$(-\infty,2)$， $(2,+\infty)$；（4）$a=b$, 且 $a\neq 0$.

3.（1）C；（2）D；（3）C.

4. 凸区间是 $(-\infty,2],[3,+\infty)$，凹区间是 $(2,3)$，拐点是 $\left(2,-\dfrac{20}{9}\right),(3,-4)$.

5. 凸区间是 $[0,1]$，凹区间是 $[1,+\infty]$，拐点是 $(1,4)$.　　　6. 略.

习题 3–7

1.（1）$\dfrac{\sqrt{2}}{2}$; $\sqrt{2}$.（2）$\dfrac{8}{13\sqrt{13}}$; $\dfrac{13\sqrt{13}}{8}$.

2. B.　　　3. 曲率 1，曲率半径 1.

4. 当 $x=\dfrac{\sqrt{2}}{2}$ 时，$K(x)$ 取得最大值. $K\left(\dfrac{\sqrt{2}}{2}\right)=\dfrac{2\sqrt{3}}{9}$，曲率半径 $\rho\left(\dfrac{\sqrt{2}}{2}\right)=\dfrac{3\sqrt{3}}{2}$.

习题 3–8

1. 解：（1）所给函数的定义域为 **R**.

$$y'=\frac{-12(x-1)}{(x^2-2x+4)^2}，\quad y''=36\frac{x(x-2)}{(x^2-2x+4)^3}$$

（2）y' 的零点为 $x=1$，y'' 的零点为 $x=0$，$x=2$，这些点把定义域分成四个部分.

（3）在各个区间，y',y'' 的符号、相应的曲线的升降性及凹凸性以及拐点，如下表所示.

x	$(-\infty,0)$	0	$(0,1)$	1	$(1,2)$	2	$(2,+\infty)$
y'	+	+	+	0	−	−	−
y''	+	0	−	−	−	0	+
图形	↗	拐点	↗	极大值	↘	拐点	↘

（4）$\lim\limits_{x\to\infty}\dfrac{6}{x^2-2x+4}=0$，所以 $y=0$ 是函数的水平渐近线.

（5）描点作图（略）.

2. 略.

复习题三

一、1. C；2. C；3. A；4. D；5. B；6. B；7. A.

二、1. $\left(0,\frac{1}{2}\right)$，$\left(\frac{1}{2},+\infty\right)$.　　2. $(-\infty,0)$ 和 $(4,+\infty)$，$(0,4)$.

3. 2，大，大，$\sqrt{3}$.　　4. $-\frac{1}{2}$，$\frac{3}{2}$，0，0.

5. $\neq 0$，$=0$，$=1$；　　6. $\frac{\sqrt{2}}{6}$.

三、1. 最大值 $f(-2)=20$，最小值 $f(1)=-8$.

2. 最大值 $f(4)=8$，最小值 $f(1)=-1$.

3. 最大值 $f(1)=2$，最小值 $f(-1)=-10$.

四、1. $f_{极大值}(6)=3456$，$f_{极小值}(10)=0$.

2. $f_{极大值}\left(\frac{2}{3}\right)=\frac{32}{27}$，$f_{极小值}(2)=0$.

3. $f_{极大值}(-4)=92$，$f_{极小值}(2)=-16$.

五、凸区间是$\left(-\infty,-\frac{1}{\sqrt{2}}\right),\left(\frac{1}{\sqrt{2}},+\infty\right)$，凹区间是$\left(-\frac{1}{\sqrt{2}},\frac{1}{\sqrt{2}}\right)$，拐点是$\left(\pm\frac{1}{\sqrt{2}},1-\mathrm{e}^{-\frac{1}{2}}\right)$.

六、略.　　七、1. $=\frac{2}{\pi}$；　　2. e^{-1}.

八、另一走廊的宽度至少是 $3\sqrt{3}a$.

九、每间猪圈的最大面积 $S=6x-\frac{7}{6}x^2=\frac{54}{7}$ 平方米.

习题 4–1

1.（1）$12x^2$；　（2）$(\ln 2)^2 2^x-\sin x$；　（3）$\arctan x+C$；

（4）$\frac{1}{\sqrt{x-1}}\mathrm{d}x$；　（5）$\mathrm{e}^{5x}$.

2.（1）$\frac{5}{4}x^4+C$；　（2）$\frac{1}{g}\ln|h|+C$；

（3）$\begin{cases}\ln|y|+C, & \frac{n}{m}=-1\\ \frac{m}{m+n}y^{(m+n)/m}+C, & \frac{n}{m}\neq -1\end{cases}$；　（4）$\frac{3\cdot 2^t}{5^t(\ln 2-\ln 5)}-\frac{3^t}{5^t(\ln 3-\ln 5)}+C$；

（5）$\frac{4^x\cdot \mathrm{e}^x}{1+2\ln 2}+C$；　（6）$\frac{1}{4}x^4+\mathrm{e}^x+C$；

（7）$4\sqrt{x}-\frac{1}{5}x^2\sqrt{x}+C$；　（8）$\frac{1}{2}x^2-\frac{4}{3}x\sqrt{x}+x+C$；

（9）$3\arcsin x-4\arctan x+C$；

（10）$\frac{1}{2}x^2+3x+C$；

（11）$x-e^x+C$；

（12）$\frac{1}{3}x^3+2\arctan x+C$；

（13）$\tan x+\sec x+C$；

（14）$\frac{1}{2}\tan x+C$；

（15）$-\cot x-\tan x+C$.

3.（1）因为 $F'(x)=\ln x-1+x\cdot\frac{1}{x}=\ln x$，因此 $F(x)$ 是 $\ln x$ 的一个原函数；

（2）$f(x)=\ln x+1$；

（3）$v=4t^3+3\cos t+2$，$s=t^4+3\sin t+2t-3$.

习题 4-2

1.（1）$-\frac{1}{2}$；（2）$-\frac{1}{6}$；（3）2；（4）$\frac{1}{3}$；（5）$\frac{1}{5}$；（6）$\frac{1}{2}$；（7）2；

（8）-1；（9）$\frac{1}{2}$；（10）-1；（11）$\frac{1}{3}$；（12）$\frac{1}{2}$.

2.（1）$\frac{1}{10}(2x+3)^5+C$；

（2）$-\frac{1}{2}e^{-2x}+C$；

（3）$2\sqrt{1+x}+C$；

（4）$\frac{1}{3}\sin(3x+2)+C$；

（5）$\frac{1}{5}\ln|5x-1|+C$；

（6）$\frac{1}{2}\tan(2x-1)+C$；

（7）$\frac{1}{8}(x^2+1)^4+C$；

（8）$2\sin(1+\sqrt{t})+C$；

（9）$-e^{\frac{1}{x}}+C$；

（10）$\ln(e^x+1)+C$；

（11）$\ln^2 x+\ln x+C$；

（12）$e^{\sin x}+C$；

（13）$-\frac{1}{2}\cot 2x-x+C$；

（14）$\frac{1}{3\cos^3 x}+C$；

（15）$-\frac{1}{3}\sin^3 x+\sin x+C$；

（16）$\frac{1}{3}\arctan\frac{x}{3}+C$；

（17）$\ln\left|\frac{x+1}{x+2}\right|+C$；

（18）$\frac{1}{2}\arcsin(\sin^2 x)+C$；

（19）$\arcsin(x-1)+C$；

（20）$-\frac{1}{10}\cos 5x+\frac{1}{2}\cos x+C$；

（21）$\frac{1}{12}(x+2)^{12}-\frac{2}{11}(x+2)^{11}+C$；

（22）$\frac{3}{8}x-\frac{1}{4}\sin 2x+\frac{1}{32}\sin 4x+C$；

（23）$\frac{1}{3}(x+1)\sqrt{x+1}-\frac{1}{3}(x-1)\sqrt{x-1}+C$；

（24）$\frac{1}{4}\ln\left|\frac{2+\ln x}{2-\ln x}\right|+C$.

3.（1）$\sqrt{2x}-\ln(1+\sqrt{2x})+C$；

（2）$2\sqrt{t}-2\arctan\sqrt{t}+C$；

（3）$\frac{2}{5}\sqrt{2-5x}\left(x^2-\frac{2}{15}x-\frac{8}{75}\right)+C$；

（4）$2\ln(\sqrt{1+e^x}-1)-x+C$；

（5）$\frac{3}{2}\sqrt[3]{(1+x)^2}-3\sqrt[3]{1+x}+3\ln\left|\sqrt[3]{1+x}+1\right|+C$；

（6）$\arctan^2\sqrt{x}+C$；

（7）$\frac{2}{3}(\ln x+1)\sqrt{\ln x+1}+C$；

（8）$3\sqrt[3]{x}-6\sqrt[6]{x}+6\ln\left|\sqrt[6]{x}+1\right|+C$；

（9）$\sqrt{1-e^{2x}}+\ln(1-\sqrt{1-e^{2x}})-x+C$.

4.（1）$\arccos\frac{1}{x}+C$；（2）$\frac{1}{4}\arcsin^2 2x+C$；

（3）$\sqrt{x^2-4}-2\arccos\frac{2}{x}+C$；（4）$\frac{x}{\sqrt{x^2+1}}+C$；

（5）$-\frac{\sqrt{1-x^2}}{x}+C$；（6）$\frac{1}{3}(t^2-25)\sqrt{25-t^2}+C$；

（7）$\frac{1}{3}(x^2-2)\sqrt{1+x^2}+C$；（8）$\frac{1}{2}\ln(\sqrt{x^2+4}-2)-\frac{1}{2}\ln x+C$；

（9）$\sqrt{x^2+2x+2}-\ln(\sqrt{x^2+2x+2}+x+1)+C$；（10）$\frac{1}{2}\ln\left(x+\frac{1}{2}\sqrt{4x^2-9}\right)+C$；

（11）$\ln(x-2+\sqrt{5-4x+x^2})+C$；（12）$\arcsin(2x-1)+C$.

习题 4-3

1.（1）$-(x+1)\cos x+\sin x+C$；（2）$(x^2-2x+2)\mathrm{e}^x+C$；

（3）$-\frac{1}{t}(\ln t+1)+C$；（4）$x\operatorname{arccot}x+\frac{1}{2}\ln(x^2+1)+C$；

（5）$x\tan x+\ln|\cos x|+C$；（6）$\frac{1}{10}\mathrm{e}^{-x}(3\sin 3x-\cos 3x)+C$；

（7）$x\ln(1+x^2)-2x+2\arctan x+C$；（8）$-\frac{\arctan x}{x}+\ln x-\frac{1}{2}\ln(x^2+1)+C$；

（9）$2\mathrm{e}^{\sqrt{x+1}}(\sqrt{x+1}-1)+C$；（10）$\sqrt{1+x^2}\operatorname{arccot}x+\ln(x+\sqrt{1+x^2})+C$；

（11）$2\sqrt{1+x}\ln x-4\sqrt{1+x}+4\ln(\sqrt{1+x}-1)-2\ln x+C$；

（12）$\frac{x}{2}+\frac{1}{2}\sqrt{x}\sin 2\sqrt{x}+\frac{1}{4}\cos 2\sqrt{x}+C$.

2. $\tan^2 x-\frac{2\tan x}{x}+C$.　　3. $\frac{1}{8\sin^4\frac{x}{2}}$.

复习题四

一、1. C；2. B；3. B；4. B；5. C.

二、1. $-\frac{1}{x^2}$；　2. $2\sqrt{x}+C$；　3. $2\sqrt{x+1}-2\ln(1+\sqrt{x+1})+C$；

4. $2x(x+1)\mathrm{e}^{2x}$；　5. $\ln(x+\sqrt{1+x^2})+1$.

三、1. $-\frac{1}{18}(4-3x)^6+C$；　2. $\sqrt{x^2+3}+C$；

3. $\frac{1}{3}\cos^3 x-\cos x+C$；　4. $\frac{2}{3}\arcsin x\sqrt{\arcsin x}+C$；

5. $\ln|1+\ln x|+C$；

6. $-\frac{1}{12}\sin 6x+\frac{1}{4}\sin 2x+C$；

7. $\frac{9^x-4^x}{(\ln 3-\ln 2)6^x}+2x+C$；

8. $\arcsin\frac{x-1}{2}+C$；

9. $\arctan e^x+C$；

10. $\frac{3}{28}(2x+1)^2\sqrt[3]{2x+1}+\frac{9}{16}(2x+1)\sqrt[3]{2x+1}+C$；

11. $6\ln\frac{\sqrt[6]{x}}{1+\sqrt[6]{x}}+C$；

12. $\sqrt{4x^2-1}-\arccos\frac{1}{2x}+C$；

13. $-\frac{\sqrt{x^2+9}}{9x}+C$；

14. $\arcsin x+\frac{1}{x}(\sqrt{1-x^2}-1)+C$；

15. $\left(\frac{1}{5}x^4-\frac{4}{15}x^2+\frac{8}{15}\right)\sqrt{1+x^2}+C$；

16. $x\ln^2 x-2x\ln x+2x+C$；

17. $\frac{1}{6}x^3-\frac{1}{2}x^2\sin x-x\cos x+\sin x+C$；

18. $3e^{\sqrt[3]{x}}(\sqrt[3]{x^2}-2\sqrt[3]{x}+2)+C$；

19. $\frac{1}{13}e^{2x}(2\sin 3x-3\cos 3x)+C$；

20. $\frac{1}{2}x[\sin(\ln x)-\cos(\ln x)]+C$；

21. $x-e^{-x}\arctan e^x-\frac{1}{2}\ln(1+e^{2x})+C$.

四、$x^2\sin x^2+\cos x^2+C$.　　五、$\frac{1}{2(1+x^2)^2}$.　　六、$-\frac{1}{4}e^{-2x}(2x+1)+C$.

习题 5-1

1.（1）$\lim\limits_{\lambda\to 0}\sum\limits_{i=1}^{n}\tan\xi_i\cdot\Delta x_i$；　（2）$\int_1^2 e^{1+x}dx$；　（3）$0,\frac{33}{2}$；

（4）$\int_1^9 t^3 dt$；　（5）$\int_{-1}^{1}(2-2x^2)dx$.

2.（1）2π；　（2）0；　（3）$\frac{\pi}{4}$.

3.（1）$\int_0^{2\pi}x dx\geqslant\int_0^{2\pi}\sin x dx$；　（2）$\int_0^1 e^x dx\geqslant\int_0^1 e^{x^2}dx$；　（3）$\int_{-\frac{1}{2}}^{0}x dx\geqslant\int_{-\frac{1}{2}}^{0}\ln(1+x)dx$.

4.（1）$18\leqslant\int_1^4(x^2+5x)dx\leqslant 108$；（2）$\pi\leqslant\int_2^0 e^{x^2-x}dx\leqslant 2\pi$；（3）$-2e^2\leqslant\int_2^0 e^{x^2-x}dx\leqslant-\frac{2}{\sqrt[4]{e}}$.

习题 5-2

1.（1）$\frac{\sin x}{x}$；　（2）$-\frac{x}{\sin x}$；

（3）$-2e^{4x^2}$；　（4）$4xe^{4x}-x\ln x$；

（5）$-\dfrac{1}{2\sqrt{x+x^2}}+\dfrac{1}{\sqrt{1+x^2}}$；（6）$-2x^2 3^{x^2}+3^{\sin x}\cos x\sqrt{\sin x}$.

2.（1）1；（2）$\dfrac{1}{3}$；（3）1；（4）$-\dfrac{2}{3}$.

3.（1）$e^2+\dfrac{2}{e+1}2^e-1$；（2）1；（3）$2e(e-1)$；

（4）$\dfrac{2}{3}\sqrt{2}$；（5）$2(\sqrt{3}-1)$；（6）$\dfrac{\pi^3}{96}$；

（7）$\dfrac{4}{3}$；（8）$\dfrac{32}{3}$；（9）$7+2\ln 2$；

（10）$\sqrt{2}-\dfrac{2\sqrt{3}}{3}$；（11）0；（12）$\sqrt{3}-1-\dfrac{\pi}{12}$.

4.（1）$2-\dfrac{3}{e}$；（2）$-\dfrac{1}{16}\ln 2+\dfrac{15}{64}$；（3）$\dfrac{\pi}{6}+\sqrt{3}-2$；

（4）$\left(\dfrac{1}{4}-\dfrac{\sqrt{3}}{9}\right)\pi+\dfrac{1}{2}(\ln 3-\ln 2)$；（5）$2e-4$；（6）$2\ln(2+\sqrt{5})-\sqrt{5}+1$；

（7）0；（8）$\dfrac{\pi^3}{6}-\dfrac{\pi}{4}$；（9）$\dfrac{1}{2}e(\sin 1+\cos 1)-\dfrac{1}{2}$；

（10）$\dfrac{1}{3}$；（11）$\dfrac{3}{2}\pi$；（12）$\dfrac{512}{693}$.

5. $\ln(e+1)-\ln 2+\dfrac{2}{3}$.　　6. 略.　　7. 2.

习题 5-3

1.（1）发散；（2）$\dfrac{1}{4}e^{20}$；（3）发散；（4）π；（5）1；

（6）发散；（7）$1-\dfrac{\pi}{4}$；（8）发散；（9）发散；（10）发散；

（11）发散；（12）1；（13）发散；（14）$2\sqrt{2}(\ln 2-2)$；（15）发散.

2.（1）$\begin{cases}\text{发散}, k\leqslant 1\\ \dfrac{(\ln 2)^{1-k}}{k-1}, k>1\end{cases}$；（2）$\begin{cases}\dfrac{(b-a)^{1-q}}{1-q}, q<1\\ \text{发散}, q\geqslant 1\end{cases}$.

复习题五

一、1. B；2. A；3. C；4. A；5. B；6. D.

二、1. $\dfrac{2}{x^3}$； 2. $\dfrac{3}{2}\sqrt[3]{16}$； 3. -1； 4. $x-1$； 5. $P<M<N$； 6. $\dfrac{1}{n-1}$.

三、1. $\dfrac{1}{\sqrt[3]{e}}-\dfrac{1}{e}$； 2. $\dfrac{8}{3}$； 3. $4-2\arctan 2$； 4. $\dfrac{4}{3}$；

5. $\dfrac{1}{4}+\ln 2$； 6. $2\sqrt{2}-2$； 7. $a\left(\dfrac{\pi}{4}-\dfrac{1}{2}\right)$； 8. $\dfrac{\pi}{12}+\dfrac{\sqrt{3}}{4}-\dfrac{1}{2}$；

9. 0； 10. $\dfrac{6+4\sqrt{2}}{3}\ln 2-\dfrac{8}{9}\sqrt{2}-\dfrac{11}{36}$； 11. $6\pi-\dfrac{8}{3}$；

12. $\dfrac{2}{5}e^{\frac{\pi}{4}}-\dfrac{1}{5}$； 13. $\dfrac{\pi^2}{32}+\dfrac{\pi}{8}-\dfrac{1}{4}$； 14. $\dfrac{\pi}{32}a^6$； 15. $\dfrac{\pi}{12}+\dfrac{\sqrt{3}}{8}-\dfrac{1}{4}$.

四、1. $\dfrac{8}{3}\ln 2-\dfrac{8}{9}$； 2. 发散； 3. 发散； 4. 发散； 5. $\dfrac{1}{25}$；

6. $\dfrac{\pi}{4}$； 7. 发散； 8. 发散； 9. $\dfrac{\pi}{4}+\dfrac{1}{2}\ln 2$.

五、1. $\dfrac{\pi}{4}$；2. $\dfrac{\pi^2}{4}$. 六、$\dfrac{1}{2}e^2+e-\dfrac{3}{2}$. 七、$-\dfrac{17}{12}$, 0.

八、$\dfrac{\cos x-2x\cos x^2}{e^y}$. 九、$-1$. 十、略.

习题 6–1

1. 略. 2.（1）$6-\dfrac{4}{9}\sqrt{2}$；（2）$1-\dfrac{3}{e^2}$. 3. $\dfrac{\pi}{2}$.

习题 6–2

1.（1）$\dfrac{3}{2}-\ln 2$； （2）$\dfrac{1}{3}$； （3）$e+\dfrac{1}{e}-2$； （4）$\dfrac{1}{2}$；

（5）$\dfrac{20}{3}$； （6）$\dfrac{9}{2}$； （7）$\dfrac{1}{2}$； （8）$2\pi+\dfrac{4}{3},6\pi-\dfrac{4}{3}$.

2. $\dfrac{9}{4}$. 3. $\dfrac{3}{2}\pi a^2$. 4. $42\dfrac{2}{3}$. 5. $\dfrac{8}{3}\pi-2\sqrt{3}$.

6.（1）$\dfrac{\pi}{5},\dfrac{\pi}{2}$； （2）$\dfrac{44}{15}\pi$； （3）$\dfrac{64}{3}\pi$； （4）$160\pi^2$.

7. 256. 8.（1）$2\sqrt{3}-\dfrac{4}{3}$；（2）$\dfrac{\sqrt{1+a^2}}{a}e^a(e^a-1)$.

习题 6-3

1. $\dfrac{(b-a)^2}{2a}k$.　　2. $\dfrac{27}{7\sqrt[3]{2}}$.　　3. 3.85×10^7 kJ.

4. $\dfrac{2}{3}\rho gR^3$.　　5. $0.005k$.　　6. 0.　　7. 0.57.

习题 6-4

1. $\dfrac{20}{3}$千克.　　2. 800 件.

3.（1）$C(x)=\dfrac{1}{3}x^3-\dfrac{5}{2}x^2+40x+10$,　$R(x)=50x-x^2$, $L(x)=-\dfrac{1}{3}x^3+\dfrac{3}{2}x^2+10x-10$；

（2）$-\dfrac{23}{6}$万元.

4. 68 462.74 元，94 281.94 元.　　5. 4 517 元.

复习题六

一、1. C；2. C；3. B；4. D.

二、1. $A_2=3A_1$；　2. $\dfrac{e^2+1}{4(e-1)}$；　3. $\dfrac{2E_0}{\pi}$；　4. $\dfrac{250}{3}$万元.

三、$\dfrac{1000}{3}\sqrt{3}$.　　四、$\dfrac{5\pi}{4}-2$.

五、（1）$\dfrac{4}{3}$；　（2）$\dfrac{16}{15}\pi$；　（3）$\dfrac{\pi}{2}$；　（4）$\sqrt{5}+\dfrac{1}{2}\ln(2+\sqrt{5})$.

六、$\dfrac{a}{2}[2\pi\sqrt{1+4\pi^2}+\ln(2\pi+\sqrt{1+4\pi^2})]$.

七、5.77×10^4 kJ.　　八、（1）$\dfrac{1}{3}\rho gah^2$；（2）$\dfrac{1}{3}\rho gah^2$.

九、（1）19 万元，20 万元；（2）320 台；（3）15.08 万元，20.48 万元，5.4 万元.

十、购买仪器划算.

习题 7-1

1.（1）一阶，不是；　（2）二阶，不是；　（3）二阶，是；　（4）五阶，是；
（5）三阶，不是；　（6）一阶，是；　（7）六阶，不是；　（8）四阶，是.

2.（1）不是；（2）是；（3）是；（4）是；（5）不是.

3. $y = x^2 + 1$.

习题 7–2

1.（1）$y = C(x^2+1)$；（2）$y = Ce^{\sqrt{1-x^2}}$；（3）$y = -\dfrac{1}{C+\sin x}$；

（4）$y = C(1+e^x)$；（5）$y = C\dfrac{e^x}{x}$；（6）$(1+x^2)(1+y^2) = C$；

（7）$(1+y^2) = C(1+x^2)$；（8）$y^3 + e^y = \sin x + C$.

2.（1）$y = \ln x - x^2 + 2$；（2）$x^2 + y^2 = 25$；

（3）$e^y = \dfrac{1}{2}(e^{2x}+1)$；（4）$\ln^2 y + \ln^2 x = 4$.

3.（1）$y = Ce^{-2x} + \dfrac{1}{2}$；（2）$y = e^{-x}(x+C)$；（3）$y = \dfrac{\sin x}{x} - \cos x + \dfrac{C}{x}$；

（4）$y = x^2(e^x + C)$；（5）$y = e^x(x^2 + C)$；（6）$y = e^{-\sin x}(x+C)$；

（7）$y = (x+1)^2\left[\dfrac{2}{3}(x+1)^{\frac{3}{2}} + C\right]$；（8）$x = Cy^3 + \dfrac{1}{2}y^2$.

4.（1）$y = e^x(x+1)$；（2）$y = x\sec x$；（3）$y = \dfrac{1}{x}(\pi - 1 - \cos x)$；

（4）$y = 3 - \dfrac{3}{x}$；（5）$y = x^2(e^x - e)$；（6）$y = \dfrac{1}{2} - \dfrac{1}{x} + \dfrac{1}{2x^2}$.

5. $y = 2(e^x - 1 - x)$.　6. $L(x) = 3 - x + 7e^{-2x}$.

习题 7–3

1.（1）线性无关；（2）线性相关；（3）线性无关；

（4）线性无关；（5）线性相关；（6）线性无关.

2.（1）$y = C_1e^x + C_2e^{-x}$；（2）$y = C_1 + C_2e^{4x}$；

（3）$y = C_1e^x + C_2e^{-5x}$；（4）$y = (C_1 + C_2x)e^{2x}$；

（5）$y = (C_1 + C_2x)e^{-4x}$；（6）$y = e^x(C_1\cos x + C_2\sin x)$；

（7）$y = C_1\cos 3x + C_2\sin 3x$；（8）$y = e^{-2x}(C_1\cos x + C_2\sin x)$；

（9）$y = (C_1 + C_2x)e^{\frac{x}{4}}$.

3.（1）$y = 4e^x + 2e^{3x}$；（2）$y = (2+x)e^{-\frac{x}{2}}$；

（3）$y=(1-x)\mathrm{e}^{3x}$；（4）$y=\mathrm{e}^{2x}(\cos 3x-\sin 3x)$；

（5）$y=\cos 5x+\sin 5x$.

4.（1）$y=C_1\mathrm{e}^{x}+C_2\mathrm{e}^{-2x}+\frac{2}{3}x\mathrm{e}^{x}$；（2）$y=C_1+C_2\mathrm{e}^{-\frac{5}{2}x}+\frac{1}{3}x^3-\frac{3}{5}x^2+\frac{7}{25}x$；

（3）$y=(C_1+C_2x)\mathrm{e}^{-x}+\frac{5}{2}x^2\mathrm{e}^{-x}$；（4）$y=(C_1+C_2x)\mathrm{e}^{2x}+\frac{1}{16}\mathrm{e}^{-2x}$；

（5）$y=C_1+C_2\mathrm{e}^{x}+\frac{7}{2}\mathrm{e}^{-x}$；（6）$y=C_1\mathrm{e}^{x}+C_2\mathrm{e}^{-x}+\frac{1}{3}\mathrm{e}^{2x}$；

（7）$y=(C_1+C_2x)\mathrm{e}^{3x}+\frac{1}{2}x^2\mathrm{e}^{3x}$；（8）$y=C_1\mathrm{e}^{\frac{1}{2}x}+C_2\mathrm{e}^{-x}+\mathrm{e}^{x}$；

（9）$y=C_1\mathrm{e}^{x}+C_2\mathrm{e}^{-x}-2\sin x$；

（10）$y=\mathrm{e}^{x}(C_1\cos 2x+C_2\sin 2x)+\frac{1}{17}\cos 2x-\frac{4}{17}\sin 2x$.

5.（1）$y=\frac{7}{2}\mathrm{e}^{2x}-5\mathrm{e}^{x}+\frac{5}{2}$；（2）$y=\mathrm{e}^{x}-\mathrm{e}^{-x}+(x^2-x)\mathrm{e}^{x}$.

习题 7–4

1. $y=-2x-2+2\mathrm{e}^{x}$.
2. 约 0.056%.
3. 670.6 min；5%.
4. $I(t)=\mathrm{e}^{-5t}+\sin 5t-\cos 5t$.

复习题七

一、1. 未知函数的最高阶导数的阶数.

2. 任何满足微分方程的函数.

3. 相互独立的任意常数的个数；微分方程的阶数.

4. 特解.

5. 1；1； 2.

6. $y=C_1\mathrm{e}^{r_1x}+C_2\mathrm{e}^{r_2x}$； $y=(C_1+C_2x)\mathrm{e}^{rx}$； $y=\mathrm{e}^{\alpha x}(C_1\cos\beta x+C_2\sin\beta x)$.

二、1. C；2. B；3. A；4. A；5. A；6. A；7. C；8. C；9. C；10. C；11. B.

三、1.（1）$(1+x^2)(1+y^2)=Cx^2$；（2）$2\mathrm{e}^{3x}+3\mathrm{e}^{-y^2}=C$；

（3）$(1+\mathrm{e}^{x})(1+\mathrm{e}^{y})=C$；（4）$y(\sin x+C)+1=0$；

（5）$\cos x\cdot\cos y=C$.

2.（1）$y=\mathrm{e}^{x^2}$；（2）$y=\frac{1}{2}(\arctan x)^2$；

（3）$e^x+1=2\sqrt{2}\cos y$；（4）$y=-\frac{1}{4}(x^2-4)$.

3.（1）$y=xe^{-x}+Ce^{-x}$；（2）$y=2+Ce^{-x^2}$.

4.（1）$\ln x+e^{-\frac{y}{x}}=C$；（2）$C\left(\csc\frac{y}{x}-\cot\frac{y}{x}\right)=x$.

四、$y=C_1\cos 2x+C_2\sin 2x$.　五、$y=2x^3-3x^4$.　六、略.

参考文献

[1] 同济大学数学系编. 高等数学（上册）[M]. 6 版. 北京：高等教育出版社，2007.
[2] 黄浩，钟韬. 高等数学[M]. 上海：同济大学出版社，2014.
[3] 李敏. 工程应用数学[M]. 北京：高等教育出版社，2013.
[4] 颜文勇，柯善军. 高等应用数学[M]. 北京：高等教育出版社，2004.
[5] 姜启源，等. 大学数学实验[M]. 北京：清华大学出版社，2010.
[6] 陈杰. MATLAB 宝典[M]. 北京：电子工业出版社，2013.